APCS 7級必勝秘笈

學習
練習
突破

觀念題C＋實作題Python

C 是最重要的程式語言之一，當然要學會她，熟悉她。APCS 的 75 個觀念題，出的很漂亮，是值得當作練基本功，很棒的訓練教材。

Python 是最流行、應用最廣的程式語言之一，當然要學會她，熟悉她。APCS 的實作題目，很精采有趣，是值得當作，加強程式實力的好訓練教材。

用學習 C 來加強程式設計、資料結構及演算法的知識，用 Python 實作來磨練程式設計功力，是目前學習程式設計的主流選擇。

寫幾個出色的軟體作品，是長遠追求的目標。短期則先考一張 APCS 7 級認證，算是基本的驗證，順便加分上個好大學。

除了拿到 7 級認證以外，考 APCS 還學到什麼？

1. 學會更多軟體開發的技巧。
2. 熟悉指令、語法、資料結構及邏輯。
3. 練習到能在時間內完成作品的熟練度。
4. 完成作品後，檢查的能力，找出錯誤的能力，更正錯誤的能力。
5. 練習過程中，更有耐心，更細心的工作態度養成。

下次有人質疑您的 APCS 認證是否有用時，大聲把上面五點跟他講清楚。

以下是我們建議的研讀模式

1. 拿到書後，概略翻一下書，知道內容有那些。
2. 詳讀各章節內容，照著做一遍，熟悉指令、語法、資料結構及邏輯。
3. 不看書上的程式碼，自己做一次，訓練自己寫程式的能力，當然一開始可能需要書本的協助。研讀過的程式，自已再試著把它寫出來，這是較無挫折感的學習方式。
4. 反覆練習。試著了解問題、分析問題、設計解決問題的步驟，進步會很顯著。
5. 如果您很確實的完成前面四個步驟，並善用軟體的 Help 功能及網路資源，您已然踏上寬廣的程式設計之路。

這本書的完成，蒙諸位教育先進的指教及碁峰資訊 Jessi 和諸多夥伴們的協助，獲益匪淺，不勝感激，在此一併致謝！

吳進北
2024/09

目錄

1 CHAPTER 認識 APCS

2 CHAPTER 觀念題如何考 4 級分

3 CHAPTER 如何輕鬆實作題考 3 級分

4 CHAPTER 基本資料結構、演算法

5 CHAPTER APCS 實例演習（I）

6 CHAPTER 挑戰 APCS 8 級分以上

7 CHAPTER APCS 實例演習（II）

8 CHAPTER 觀摩題

CHAPTER

1

認識 APCS

1.1 APCS 準備策略

1.2 設定有效率的學習目標與準備計劃

APCS（Advanced Placement Computer Science）是美國高中教育系統中的大學先修課程，旨在為學生提供進入大學程式設計領域所需的基本知識和技能。

APCS 的先修檢測是一項測試，用於評估學生是否具備參加 APCS 課程所需的基本程式設計知識和技能。

1. **免費加分機會**：參加 APCS 考試本身可以為學生的學習歷程加分，而且目前報名考試完全免費，是 CP 值極高的升學策略。
2. **高分助力升學**：本書特別專注在幫助學生，在 APCS 考試中獲得 7 級以上成績，進而在眾多考生中脫穎而出，大幅增加進入頂尖大學的機會。
3. **實用學習資源累積**：透過學習本書內容，學生不僅能夠掌握必要的技能，還能在上課過程中積累豐富的學習材料，這些都將成為升學過程中的加分項目。
4. **提前鍛鍊邏輯思維**：多數大學，包括文學院在內的科系，均要求學生具備一定的運算邏輯能力。透過提前學習 APCS，學生可以在未來的學術和職業生涯中保持競爭力。

APCS 國內大學申請入學

- 107 學年度大學個人申請入學試辦個人申請入學資訊類學系第一階段檢定、篩選納入大學程式設計先修檢測（APCS）比序，APCS 組計 46 個名額，全國資訊領域校系有 14 所大學 22 校系參與。
- 108 學年度續試辦計 76 個名額，有 24 所大學 31 校系（國立 13 校 /17 系 /43 名、私立 11 校 /14 系 /33 名）參與。
- 109 學年度續試辦計 91 個名額，有 28 所大學 38 校系（國立 17 校 /22 系 /35 名、私立 11 校 /16 系 /56 名）參與。
- 110 學年度續試辦計 95 個名額，有 31 所大學 38 校系（國立 18 校 /21 系 /51 名、私立 13 校 /17 系 /44 名）參與。

- 111 學年度續試辦計 118 個名額，有 32 所大學 47 校系（國立 19 校 /24 系 /63 名、私立 13 校 /23 系 /55 名）參與。
- 112 學年度續試辦計 171 個名額，有 36 所大學 54 校系（國立 22 校 /29 系 /84 名、私立 13 校 /25 系 /87 名）參與。
- 112 學年度續試辦增加資安組，計 21 個名額，有 3 所大學 5 校系（國立 2 校 /4 系 /16 名、私立 1 校 /1 系 /5 名）參與。
- 113 學年度「大學程式設計先修檢測」APCS 招生分組名額，其中 54 所校系中，有 12 校系檢定採計為 4 級分以上，113 學年名額更是增加至 179 個名額！

APCS 國內四技申請入學

110 學年度技專校院招生策略委員會試辦大學程式設計先修檢測（APCS）納入四技申請入學招生管道第一階段超額篩選。

- 110 學年度試辦計 665 個名額，有 36 校 84 系（組）參與。
- 111 學年度試辦計 735 名額，有 38 校 94 系（組）參與。
- 112 學年度試辦計 694 名額，有 36 校 85 系（組）參與。
- 113 學年度可超額篩選共 682 個名額，有 35 校 88 系（組）參與。

APCS 成績除了是申請入學 APCS 組必要成績外，也是多校特殊選才等多元入學管道重要參考資料。APCS 檢測每年舉辦三次，檢測日程預訂在 1 月、6 月及 10 月。

資料來源：https://apcs.csie.ntnu.edu.tw/index.php/apcs-introduction/

1.1 APCS 準備策略

觀念題策略

- 深入淺出，系統性地介紹學科概念，使學習和練習更加有效率。
- 積極準備不僅可達成 4 級目標，同時開啟通向 5 級的可能。

實作題攻略

- 基礎篇：從基本題目開始，確保清楚理解重點題型，確實實作，3 級目標輕鬆達成。
- 進階篇：將複雜題目拆解為易懂的子問題，逐步建立解題技巧和自信，為挑戰 4 級及 5 級做好充分準備。

實戰演練：透過反覆練習，在考場上能夠鎮定自若，有效應對各種題型，能高分通過考試。

1.2 設定有效率的學習目標與準備計劃

設定有效率的 APCS 學習目標與準備計劃可以幫助有系統地準備考試，提高學習效果。以下是詳細的目標設定與準備計劃：

學習目標設定

- **短期目標**
  - 熟悉 APCS 考試的題型和考點
  - 每週完成特定章節的學習與練習
  - 每週進行一次模擬測驗

- **中期目標**
  - 掌握所有基本概念和常見題型
  - 提高程式設計的解題能力和速度
  - 每月完成一份完整的模擬考試並分析錯誤
- **長期目標**
  - 熟練運用各種資料結構與演算法
  - 達到目標成績（如 7 級分以上）
  - 具備參加其他程式設計比賽的實力

準備計劃

第一階段：基礎知識打底（1-2 個月）

- **學習資料結構與演算法**
  - 陣列、鏈結串列、堆疊、佇列
  - 排序與搜尋演算法（如快速排序、二分搜尋）
  - 遞迴與迴圈
- **學習基本程式設計**
  - 基本語法（變數、條件判斷、迴圈）
  - 函數與遞迴
  - 字串處理與陣列操作
- **解題與練習**
  - 練習基本題型，如條件判斷、迴圈、陣列操作等
  - 使用線上平台（如 zerojudge、LeetCode）進行練習

第二階段：深入理解與提高解題力（3-4 個月）

- **深入學習進階主題**
  - 動態規劃
  - 貪心演算法
  - 圖論與圖演算法（如 DFS, BFS）
- **專題練習**
  - 每週選擇一個主題進行深入學習和大量練習
  - 練習過去 APCS 考題
- **定期測驗**
  - 每週進行一次模擬測驗
  - 分析錯誤並進行重點性複習

第三階段：考前衝刺與總結（1-2 個月）

- **總結與複習**
  - 回顧所有學過的知識點
  - 強化薄弱環節
- **模擬考試**
  - 每週進行一次完整的模擬考試
  - 嚴格按照考試時間安排進行
  - 分析錯誤並進行針對性練習

- **心理準備**
  - 調整作息，保持良好的精神狀態
  - 進行適度的體育運動，減輕壓力

資源推薦

- **書籍**
  - 《Python 範例學習書》，碁峰
- **線上資源**
  - ZeroJudge
  - LeetCode
- **模擬考試平台**
  - 測驗平台如 zerojudge 的 APCS 考古題
  - 其他線上測驗平台

時間安排建議

週數	學習內容	每週目標
1-4	基礎知識（資料結構、演算法、基本語法）	掌握基本概念，完成每週指定題目，進行基本測驗
5-12	進階主題（動態規劃、貪心演算法、圖論）	深入理解進階主題，完成每週專題練習，進行模擬測驗
13-16	總結與複習，模擬考試	全面複習，每週進行完整模擬考試，調整狀態

APCS（Advanced Placement Computer Science）考試是為了測試學生在計算機科學領域的基礎知識與程式編寫技能。7 級分代表著具有相當高的理解與應用能力。以下將介紹如何透過系統性學習和練習來達到 APCS 7 級分的實力。

CHAPTER

2

觀念題如何考 4 級分

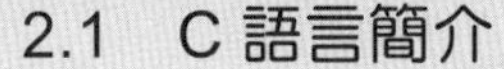

要在 APCS（Advanced Placement Computer Science）觀念題中輕鬆考到 4 級分，以下是一些建議和策略：

基礎概念與理論

- **熟悉基本資料結構和演算法**
  - 瞭解和掌握基本的資料結構如陣列、鏈結串列、堆疊、佇列、樹、圖等。
  - 掌握常見的演算法如排序（泡沫排序、插入排序、快速排序等）、搜尋（線性搜尋、二分搜尋等）和遞迴。
- **掌握程式設計基本概念**
  - 熟悉條件判斷、迴圈結構、函數、指標和記憶體管理等基礎概念。
  - 理解變數作用域、指標操作和記憶體分配等。

練習題型

- **多做練習題**
  - 經常練習歷屆考題和練習題，熟悉題型和出題方式。
  - 對每種題型的解法進行總結和歸納，形成自己的解題模板。
- **動手寫程式**
  - 不僅要理解題目，還要動手寫程式來解題，這樣可以更好地掌握程式語言和解題技巧。

策略與方法

- **分析與思考**
    - 解題時要先分析題目，理解題意，再確定解題思路。
    - 可以使用紙筆來畫圖或寫下思路，幫助理清解題過程。
- **分步解決問題**
    - 將複雜問題拆解為簡單步驟，逐步解決每一步，避免一開始就陷入複雜的程式碼中。
- **注意細節**
    - 注意程式中的細節，如變數初始值、迴圈邊界條件、避免因小錯誤導致解題失敗。
- **線上資源**
    - 線上程式設計學習平台如 zerojudge、LeetCode 等，進行各種題型的練習。

應試技巧

- **時間管理**
    - 考試時合理分配時間，先解答簡單題，再解答複雜題。
    - 保持冷靜，避免因一兩道難題影響整體考試狀態。
- **模擬考試**
    - 模擬考試環境，進行定時練習，培養應試時的狀態和節奏感。

透過系統的學習和練習，掌握基本概念和解題技巧，再加上適當的應試策略，相信可以在 APCS 觀念題中取得不錯的成績。祝你考試順利，輕鬆取得觀念題 4 級分！

2.1 C 語言簡介

程式設計學 C 語言入門的好處

C 語言是一門經典且強大的程式設計語言，是計算機科學領域的基石之一。學習 C 語言有助於打好程式設計的基礎，理解底層計算機運作機制。以下是學習 C 語言入門的幾個好處：

1. **了解計算機底層運作機制**
    - 記憶體管理：C 語言提供了對記憶體的直接操作能力，使得學生能夠了解記憶體的分配與釋放。
    - 指標使用：C 語言的指標概念可理解記憶體位址、指標運算及其應用，這對學習其他高階語言和資料結構有重要幫助。
2. **打好程式設計基礎**
    - 語法簡潔：C 語言的語法簡單明瞭，容易掌握，有助於快速入門。
    - 邏輯思維：學習 C 語言可以培養邏輯思維能力，能夠清晰地解決問題、設計演算法。
3. **高效能**
    - 執行效率高：C 語言編譯出的程式執行效率高，適合用於系統程式設計和嵌入式系統開發。
    - 資源控制：C 語言允許對硬體資源進行精細控制，如 I/O 操作、硬體中斷處理等。
4. **廣泛應用**
    - 系統程式設計：許多操作系統（如 UNIX、Linux）和系統程式（如編譯器、驅動程式）都是用 C 語言編寫的。

- 嵌入式系統：C 語言是嵌入式系統開發的主流語言，廣泛應用於各種嵌入式設備（如微控制器、嵌入式操作系統）。

5. **易於學習其他語言**

   - 語言基礎：C 語言是許多高階語言（如 C++、Java、Python）的基礎，掌握了 C 語言，有助於學習和理解這些語言。
   - 概念通用：C 語言中的許多概念（如變數、條件判斷、迴圈、函數等）在其他語言中也廣泛應用，能夠幫助快速適應新語言。

6. **強大且靈活**

   - 功能豐富：C 語言提供了豐富的標準函數庫，可以實現多種功能（如數學運算、字串處理、檔案操作等）。
   - 高度靈活：C 語言的靈活性使其可以用於多種不同的應用領域，從嵌入式系統到高效能計算，無所不包。

學習 C 語言的建議

1. **循序漸進**：從基礎語法開始學起，逐步深入到資料結構和演算法。
2. **多做練習**：編寫各種小程式，從簡單的計算到複雜的專案，鞏固所學知識。
3. **參考資料**：使用教科書、線上課程、開源專案等多種資源進行學習。
4. **討論交流**：參加程式設計社團或線上論壇，與其他學習者交流經驗，共同進步。

學習 C 語言是進入程式設計世界的絕佳途徑。不僅幫助理解計算機科學的基本原理，還能為學習其他程式語言和技術打下堅實的基礎。

2.2 C 語言快速入門

安裝開發環境

- Windows：MinGW 配合 Codeblock 或者 Visual Studio。
- Mac：Mac 內建了 clang 編譯器，可以直接使用 Terminal。
- Linux：大部分發行版都內建 gcc 編譯器，也可以透過套件管理工具來安裝。

基本語法介紹

```
#include <stdio.h>
int main() {
    printf("Hello, World!\n");
    return 0;
}
```

語法解析

- #include <stdio.h>：包含標準輸入輸出庫。
- int main()：主函數，程式的入口點。
- printf("Hello, World!\n")：輸出 "Hello, World!", \n 代表跳行。
- return 0;：返回 0，表示程式正常結束。

基本資料型別

- int：整數
- float：單精度浮點數
- double：雙精度浮點數

- char：字元
- void：無類型

運算子

- 算術運算子：+, -, *, /, %
- 賦值運算子：=, +=, -=, *=, /=
- 比較運算子：==, !=, >, <, >=, <=
- 邏輯運算子：&&, ||, !

控制結構

條件語句

```
int a = 10;
if (a > 5) {
    printf("a is greater than 5\n");
} else {
    printf("a is not greater than 5\n");
}
```

迴圈語句

- **for 迴圈**

```
for (int i = 0; i < 10; i++) {
    printf("%d\n", i);
}
```

- **while 迴圈**

```
int i = 0;
while (i < 10) {
    printf("%d\n", i);
```

```
    i++;
}
```

- **do-while 迴圈**

```
int i = 0;
do {
    printf("%d\n", i);
    i++;
} while (i < 10);
```

函數

```
#include <stdio.h>
int add(int a, int b) {
    return a + b;
}

int main() {
    int sum = add(3, 4);
    printf("Sum: %d\n", sum);
    return 0;
}
```

語法解析

- 函數定義：int add(int a, int b) {...} 定義了一個返回整數且接受兩個整數參數的函數。
- 函數呼叫：add(3, 4) 呼叫 add 函數並傳入參數 3 和 4。

陣列、指標

● 陣列

```c
#include <stdio.h>
int main() {
    int arr[5] = {1, 2, 3, 4, 5};
    for (int i = 0; i < 5; i++) {
        printf("%d\n", arr[i]);
    }
    return 0;
}
```

● 指標

```c
#include <stdio.h>
int main() {
    int a = 10;
    int *p = &a;
    printf("Address of a: %p\n", p);
    printf("Value of a: %d\n", *p);
    return 0;
}
```

2.3 遞迴（C 語言版）

遞迴是指一個函數在其定義中呼叫自身的過程。遞迴函數通常包括了一個或多個基本情況（base case）和一個或多個遞迴情況（recursive case）。當函數在遞迴情況下呼叫自身時，它會不斷地將問題分解成更小的子問題，直到最終達到基本情況。

在設計遞迴演算法時，需要考慮以下幾點：

1. **基本情況**：確定何時遞迴應該終止，通常是當問題已經被簡化到足夠小的規模時。
2. **遞迴情況**：確定如何將原問題分解成更小的子問題，以便可以應用相同的算法來解決它們。
3. **遞迴的時間、空間考量**：確定每次遞迴所需要的時間和空間，以避免出現過多的遞迴深度和重複運算。

計算階乘

```
#include <stdio.h>
int fact(int n) {
    if (n == 0) {
        return 1;
    } else {
        return n * fact(n - 1);
    }
}
```

```
int main() {
    printf("%d\n", fact(5)); // 測試範例
    return 0;
}
```

解說

- 這個函數使用遞迴來計算階乘。如果 n 是 0，返回 1，否則返回 n 乘以 n-1 的階乘。

計算冪

```
#include <stdio.h>
int power(int x, int n) {
    if (n == 0) {
```

```
        return 1;
    } else {
        return x * power(x, n - 1);
    }
}

int main() {
    printf("%d\n", power(2, 3)); // 測試範例
    return 0;
}
```

解說

- 這個函數使用遞迴來計算冪。如果指數是 0，返回 1，否則返回基數乘以基數的指數 -1 次方。

計算費式數列

```
#include <stdio.h>
int fib(int n) {
    if (n <= 1) {
        return n;
    } else {
        return fib(n - 1) + fib(n - 2);
    }
}

int main() {
    printf("%d\n", fib(5)); // 測試範例
    return 0;
}
```

解說

- 函數使用遞迴來計算費式數列。如果 n 小於等於 1，返回 n，否則返回前兩個費式數的和。

反轉字串

```c
#include <stdio.h>
#include <string.h>
void reverse_string(char *s, int start, int end) {
    if (start >= end) {
        return;
    }
    char temp = s[start];
    s[start] = s[end];
    s[end] = temp;
    reverse_string(s, start + 1, end - 1);
}

int main() {
    char str[] = "hello";
    int len = strlen(str);
    reverse_string(str, 0, len - 1);
    printf("%s\n", str); // 測試範例
    return 0;
}
```

解說

reverse_string 函式：

- 新的 reverse_string 函式接受三個參數：字串指標 s、開始索引 start 以及結束索引 end。
- 基本條件為當 start 大於或等於 end 時，結束遞迴。
- 在每次遞迴中，交換 start 和 end 位置的字符，並遞迴處理剩餘的字串。

main 函式：

- 初始化一個字串 str。
- 計算字串長度 len。

- 呼叫 reverse_string 並傳遞初始參數（字串、開始索引 0、結束索引 len - 1）。
- 最後印出反轉後的字串。

將數字轉換為字串

```
#include <stdio.h>
#include <stdlib.h>
#include <string.h>

void to_string(int n, char *str, int index) {
    if (n < 10) {
        str[index] = n + '0';
        str[index + 1] = '\0';
    } else {
        to_string(n / 10, str, index - 1);
        str[index] = (n % 10) + '0';
    }
}

int main() {
    int number = 1234;
    int length = snprintf(NULL, 0, "%d", number);
    // 計算數字的長度
    char str[length + 1];
    // 分配足夠的空間來存放數字的字串表示
    to_string(number, str, length - 1);
    printf("%s\n", str); // 測試範例
    return 0;
}
```

解說

to_string 函式

- 函式現在接受三個參數：整數 n，字串指標 str，以及當前索引 index。

- 基本條件是當 n 小於 10 時，將 n 轉換為字符並放置在 str 的當前索引位置，然後在下一個位置加上終止符 \0。
- 否則，遞迴呼叫 to_string，處理 n 的前一部分 (n / 10) 並將當前位 (n % 10) 轉換為字符，放置在 str 的當前索引位置。

main 函式：

- 初始化整數 number。
- 使用 snprintf 計算數字轉換為字串後所需的長度。
- 分配足夠的空間來存放數字的字串表示。
- 呼叫 to_string 並傳遞初始參數（數字、字串、字串的最後一個索引）。
- 最後印出轉換後的字串。

求最大公因數

```
#include <stdio.h>
int gcd(int a, int b) {
    if (b == 0) {
        return a;
    } else {
        return gcd(b, a % b);
    }
}

int main() {
    printf("%d\n", gcd(48, 18)); // 測試範例
    return 0;
}
```

解說

- 這個函數使用遞迴來求最大公因數。

判斷迴文字串

```c
#include <stdio.h>
#include <stdbool.h>
#include <string.h>
bool is_pd(char *s) {
    int len = strlen(s);
    if (len <= 1) {
        return true;
    } else {
        return s[0] == s[len - 1] && is_pd(strndup(s + 1, len - 2));
    }
}
```

```c
int main() {
    printf("%d\n", is_pd("radar")); // 測試範例
    return 0;
}
```

解說

- 這個函數使用遞迴來判斷字串是否為迴文。比較首尾字符，如果相等則繼續比較中間的字符。

檢查數字是否為迴文

```c
#include <stdio.h>
#include <stdbool.h>
#include <string.h>
int main() {
    int n = 12321;
    char digits[20];
    sprintf(digits, "%d", n);
    int len = strlen(digits);
    bool is_palindrome = true;

    for (int i = 0; i < len / 2; i++) {
```

```c
        if (digits[i] != digits[len - 1 - i]) {
            is_palindrome = false;
            break;
        }
    }

    printf("%d\n", is_palindrome); // 測試範例
    return 0;
}
```

解析

變數初始化：

- 將要檢查的數字初始化為 n。
- 使用 sprintf 將整數 n 轉換為字符串並儲存在 digits 陣列中。
- 計算字符串的長度 len。
- 初始化變數 is_palindrome 為 true。

迴圈檢查：

- 使用 for 迴圈檢查字符串的前半部分與後半部分是否對稱。
- 如果發現任何不匹配的字符，將 is_palindrome 設為 false 並跳出迴圈。

輸出結果：

- 印出變數 is_palindrome，結果顯示是否為回文數。

```c
#include <stdio.h>
#include <stdbool.h>
#include <string.h>
bool is_pd_number(int n) {
    if (n < 10) {
        return true;
    } else {
        char digits[20];
```

```
        sprintf(digits, "%d", n);
        int len = strlen(digits);
        return digits[0] == digits[len - 1] && is_pd_number(atoi(strndup(digits + 1, len - 2)));
    }
}
```

```
int main() {
    printf("%d\n", is_pd_number(12321)); // 測試範例
    return 0;
}
```

解說

- 這個函數檢查數字是否為迴文。將數字轉換為字串，然後檢查字串是否為迴文。

找出串列中的最大值

```
#include <stdio.h>
int main() {
    int lst[] = {1, 5, 3, 9, 2};
    int len = 5;
    int max = lst[0];

    for (int i = 1; i < len; i++) {
        if (lst[i] > max) {
            max = lst[i];
        }
    }

    printf("%d\n", max); // 測試範例
    return 0;
}
```

解析

初始化最大值：

- 將 max 初始化為陣列的第一個元素 lst[0]。

遍歷陣列：

- 使用 for 迴圈從第二個元素開始遍歷整個陣列。
- 每次迴圈中，將當前元素與 max 比較，如果當前元素大於 max，則更新 max。

印出結果：

- 最後，印出最大值 max。

解說

- 這個函數使用遞迴來找出串列中的最大值。比較當前元素和剩餘元素中的最大值，返回其中較大的值。

漢諾塔

```
#include <stdio.h>
void hanoi(int n, char from_disk, char to_disk, char aux_disk) {
    if (n == 1) {
        printf("Move disk 1 from disk %c to disk %c\n", from_disk, to_disk);
        return;
    }
    hanoi(n - 1, from_disk, aux_disk, to_disk);
    printf("Move disk %d from disk %c to disk %c\n", n, from_disk, to_disk);
    hanoi(n - 1, aux_disk, to_disk, from_disk);
}

int main() {
    hanoi(1, 'A', 'B', 'C');
    printf("\n");
```

```
    hanoi(3, 'A', 'B', 'C');
    return 0;
}
```

解說

- 這個函數使用遞迴來解決漢諾塔問題。將 n-1 個盤子從起始柱移到輔助柱，將第 n 個盤子移到目標柱，然後將 n-1 個盤子從輔助柱移到目標柱。

遞迴函數常用於解決數學、資訊科學、自然語言處理等領域的問題。

2.4 APCS 觀念題分類

陣列與迴圈操作

- 例如：給定程式片段，哪個 n 值不會造成超過陣列 A 的存取範圍？
- 類似問題：給定程式片段，for 迴圈總共會執行幾次？

函數與遞迴

- 例如：給定函式 f( )，當執行 f(10) 時，最終回傳結果為何？
- 類似問題：若以 F(15) 呼叫 F() 函式，總共會印出幾行數字？

條件判斷

- 例如：程式碼執行後輸出結果為何？
- 類似問題：程式碼執行後若要印出下列圖案，(a) 的條件判斷式該如何設定？

位元與邏輯運算

- 例如：假設 x,y,z 為布林變數，且 x=TRUE, y=TRUE, z=FALSE。請問下面各布林運算式的真假值依序為何？
- 類似問題：程式碼執行後輸出結果為何？

數學運算

- 例如：給定程式片段，當程式執行完後，輸出結果為何？
- 類似問題：給定 G(), K() 兩函式，執行 G(3) 後所回傳的值為何？

字串與陣列操作

- 例如：給定程式，當程式執行完後，輸出結果為何？
- 類似問題：給定一陣列 a[10]，i.e., a[0]=1,a[1]=3, …, a[8]=6, a[9]=7，以 f(a, 10) 呼叫執行函式後，回傳值為何？

資料結構

- 例如：List 是一個陣列，裡面的元素是 element，它的定義如右。List 中的每一個 element 利用 next 這個整數變數來記錄下一個 element 在陣列中的位置。
- 類似問題：RemoveNextElement 是一個程序，用來移除串列中 current 所指向的下一個元素。

2.5 APCS 使用概念、技巧統計

在 APCS 考試中，熟悉常用概念和技巧並進行重點式的練習，將大幅提升應試能力。制定合理的學習計劃，分階段掌握各個知識點，並透過做題目來檢

驗和鞏固所學，是取得高分的有效途徑。希望這個統計表格，能幫助你有系統地準備 APCS 考試，取得優異成績！

項次	使用概念或技巧	解題使用次數	準備策略
1	邏輯判斷	35	重中之重。 觀念題想考到 4 級，100 分之中要拿 70 分，這部分，一定要精熟。
2	遞迴	20	
3	輸出入處理	15	
4	陣列	14	
5	計算	12	
6	迴圈	11	
7	函數	10	
8	邏輯運算	6	
9	排序	4	
10	字串處理	3	
11	最大小值尋找	3	
12	資料結構	3	
13	整數處理	3	容易準備，不唸可惜。
14	位元運算	2	
15	費式數列	2	
16	輾轉除法	1	考不多，但容易準備，不唸可惜
17	反轉	1	
18	存取範圍	1	
19	參數	1	
20	搜尋	1	
21	linkedlist	1	想要考到 5 級分的，就一定要準備！
22	冗餘檢測	1	
23	錯誤測試	1	

2.6 APCS 觀念題實例演習

- 使用哪些概念或技巧：陣列、存取範圍
- 出題者想要考考生的考點：陣列的邊界檢查、陣列索引

給定程式片段，哪個 n 值不會造成超過陣列 A 的存取範圍？

```
int i, n, A[100];
scanf ("%d", &n);
for (i=0; i!=n; i=i+1) {
    A[i] = i;
    i = i + 1;
}
```

(A) 69　(B) 89　(C) 98　(D) 202

解析

初始化變數 i 和 n 以及陣列 A，陣列 A 的大小是 100。

1. 在每次迴圈中：

A[i] = i 將 i 的值賦給 A[i]。

i = i + 1 再次將 i 增加 1。

注意到 i 在每次迴圈中實際上增加了兩次（在 for 的增量部分和在迴圈體內），所以每次迴圈實際上 i 會增加 2。

2. 讓我們列出每個 i 的值變化範圍：

i 的值變化為：0, 2, 4, 6, 8, ..., 2k

條件 i != n 意味著當 i 等於 n 時迴圈會結束，所以 i 的最大值應該小於 100（因為陣列 A 的大小是 100）。由於每次 i 增加 2，i 值只會是偶數，i 的最大值應該不超過 98。

3. **現在我們來檢查選項：**

(A) 69

非偶數。

(B) 89

非偶數。

(C) 98

當 n = 98 時，i 最多能夠達到 98，不會超過陣列範圍。

(D) 202

當 n = 202 時，i 會超過 100，會超出陣列範圍。

所以答案不是 (A), (B) 和 (D)

答案：(C) 98

使用哪些概念或技巧：函數、遞迴

出題者想要考考生的考點：遞迴函數的運作

給定函式 f( )，當執行 f(10) 時，最終回傳結果為何？

```
int f (int i) {
    if (i > 0) {
        if (((i / 2) % 2) == 0)
            return f(i - 2) * i;
        else
            return f(i - 2) * (-i);
    } else {
        return 1;
```

```
    }
}
```

(A) 1　(B) 3840　(C) -3840　(D) 執行時導致無窮迴圈，不會停止執行

解析

分析一下這個函式的遞迴過程：

1. **當 i 大於 0 時：**
   - 如果 (i / 2) % 2 == 0，即 i 除以 2 的結果是偶數，則回傳 f(i - 2) * i。
   - 否則回傳 f(i - 2) * (-i)。
2. **當 i 小於或等於 0 時，回傳 1。**

   接著，我們逐步計算 f(10)：

   - f(10)：
     - 10 / 2 = 5，5 % 2 = 1，不是偶數。
     - 回傳 f(8) * (-10)。
   - f(8)：
     - 8 / 2 = 4，4 % 2 = 0，是偶數。
     - 回傳 f(6) * 8。
   - f(6)：
     - 6 / 2 = 3，3 % 2 = 1，不是偶數。
     - 回傳 f(4) * (-6)。
   - f(4)：
     - 4 / 2 = 2，2 % 2 = 0，是偶數。
     - 回傳 f(2) * 4。

- f(2)：
  - 2 / 2 = 1，1 % 2 = 1，不是偶數。
  - 回傳 f(0) * (-2)。
- f(0)：
  - i <= 0，回傳 1。

然後我們將這些結果連續代入：

- f(0) = 1
- f(2) = f(0) * (-2) = 1 * (-2) = -2
- f(4) = f(2) * 4 = -2 * 4 = -8
- f(6) = f(4) * (-6) = -8 * (-6) = 48
- f(8) = f(6) * 8 = 48 * 8 = 384
- f(10) = f(8) * (-10) = 384 * (-10) = -3840

因此，f(10) 的最終回傳結果是 -3840。

答案：(C) -3840

使用哪些概念或技巧：for 迴圈、次數計算

出題者想要考考生的考點：迴圈執行次數的計算、非固定值的迴路增值

給定程式片段，for 迴圈總共會執行幾次？

```
int i, j = 0;
for (i = 0; i < 128; i = i + j) {
    j = i + 1;
}
```

(A) 8　(B) 32　(C) 64　(D) 128

解析

我們可以逐步計算每次迴圈迭代時 i 和 j 的值變化。

1. **初始化：**

   i = 0

   j = 0

2. **進入迴圈：**

   - 第 1 次迭代：i = 0
     - j = i + 1 = 0 + 1 = 1
     - i = i + j = 0 + 1 = 1
   - 第 2 次迭代：i = 1
     - j = i + 1 = 1 + 1 = 2
     - i = i + j = 1 + 2 = 3
   - 第 3 次迭代：i = 3
     - j = i + 1 = 3 + 1 = 4
     - i = i + j = 3 + 4 = 7
   - 第 4 次迭代：i = 7
     - j = i + 1 = 7 + 1 = 8
     - i = i + j = 7 + 8 = 15
   - 第 5 次迭代：i = 15
     - j = i + 1 = 15 + 1 = 16
     - i = i + j = 15 + 16 = 31

- 第 6 次迭代：i = 31
  - j = i + 1 = 31 + 1 = 32
  - i = i + j = 31 + 32 = 63
- 第 7 次迭代：i = 63
  - j = i + 1 = 63 + 1 = 64
  - i = i + j = 63 + 64 = 127
- 第 8 次迭代：i = 127
  - j = i + 1 = 127 + 1 = 128
  - i = i + j = 127 + 128 = 255

在第 8 次迭代後，i 的值變為 255，這超過了 128，迴圈終止。因此，迴圈總共執行了 8 次。

答案：(A) 8

使用哪些概念或技巧：程式輸出、條件判斷

出題者想要考考生的考點：條件判斷的理解

給定程式，若已知輸出的結果為 [1][2][3][5][4][6]，程式中的 (?) 應為下列何者？

```
int main() {
    int i, j;
    for (i = 0; i < 5; i = i + 1) {
        for (j = 0; (?) ; j = j + 2) {
            printf("[%d]", i + j);
        }
    }
}
```

(A) j < i　(B) j > i　(C) j <= i　(D) j >= i

解析

1. **觀察輸出結果 [1][2][3][5][4][6]**：
   - 輸出的數字規律：第一層迴圈 (i) 從 0 到 4，每次 (i) 都增加。
   - 第二層迴圈 (j) 從 0 開始，增加 2，直到不符合條件為止。
2. **分析條件**：
   - (i=0) 時，(j=0)，(j=2)：輸出 [1]
   - (i=1) 時，(j=1)，(j=3)：輸出 [2][3]
   - (i=2) 時，(j=2)，(j=4)：輸出 [5]
   - (i=3) 時，(j=3)：輸出 [4]
   - (i=4) 時，(j=4)：輸出 [6]
3. **分析條件 (?)**：
   - 要符合所有的情況，當 (j) 不再小於 (i) 時停止，所以條件應該是 j < i。

結論：根據上述分析，正確答案為 j < i。

答案：(A) j < i

使用哪些概念或技巧：程式輸出、陣列排序

出題者想要考考生的考點：陣列排序及操作

給定程式，當程式執行完後，輸出結果為何？

```
int A[8] = {8, 7, 6, 5, 4, 3, 2, 1};
int main () {
    int i, j;
    for (i = 0; i < 8; i = i + 1) {
        for (j = i; j < 7; j = j + 1) {
            if (A[j] > A[j + 1]) {
                A[j] = A[j] + A[j + 1];
                A[j + 1] = A[j] - A[j + 1];
                A[j] = A[j] - A[j + 1];
            }
        }
    }
    for (i = 0; i < 8; i = i + 1) {
        printf ("%d ", A[i]);
    }
}
```

(A) 1 2 3 4 5 6 7 8　(B) 7 5 3 1 2 4 6 8

(C) 7 5 3 2 1 4 8 6　(D) 8 7 6 5 4 3 2 1

解析

1. 初始化陣列：

- int A[8] = {8,7,6,5,4,3,2,1};
- 初始陣列內容為 {8, 7, 6, 5, 4, 3, 2, 1}。

2. 排序過程：

- 使用兩個巢狀的 for 迴圈進行排序。

- 外層迴圈：i 從 0 遍歷到 7。
- 內層迴圈：j 從 i 遍歷到 7。
- if 條件：j+1 < 8 && A[j] > A[j+1]，若 A[j] 大於 A[j+1] 則交換兩者的值。

3. 逐步執行過程：

初始陣列：{8, 7, 6, 5, 4, 3, 2, 1}

外層迴圈 i=0

- 內層迴圈從 j=0 到 7：
  - j=0: 8 > 7, 交換，陣列變為 {7, 8, 6, 5, 4, 3, 2, 1}
  - j=1: 8 > 6, 交換，陣列變為 {7, 6, 8, 5, 4, 3, 2, 1}
  - j=2: 8 > 5, 交換，陣列變為 {7, 6, 5, 8, 4, 3, 2, 1}
  - j=3: 8 > 4, 交換，陣列變為 {7, 6, 5, 4, 8, 3, 2, 1}
  - j=4: 8 > 3, 交換，陣列變為 {7, 6, 5, 4, 3, 8, 2, 1}
  - j=5: 8 > 2, 交換，陣列變為 {7, 6, 5, 4, 3, 2, 8, 1}
  - j=6: 8 > 1, 交換，陣列變為 {7, 6, 5, 4, 3, 2, 1, 8}

外層迴圈 i=1

- 內層迴圈從 j=1 到 7：
  - j=1: 6 > 5, 交換，陣列變為 {7, 5, 6, 4, 3, 2, 1, 8}
  - j=2: 6 > 4, 交換，陣列變為 {7, 5, 4, 6, 3, 2, 1, 8}
  - j=3: 6 > 3, 交換，陣列變為 {7, 5, 4, 3, 6, 2, 1, 8}
  - j=4: 6 > 2, 交換，陣列變為 {7, 5, 4, 3, 2, 6, 1, 8}
  - j=5: 6 > 1, 交換，陣列變為 {7, 5, 4, 3, 2, 1, 6, 8}

外層迴圈 i=2

- 內層迴圈從 j=2 到 7：
  - j=2: 4 > 3, 交換，陣列變為 {7, 5, 3, 4, 2, 1, 6, 8}
  - j=3: 4 > 2, 交換，陣列變為 {7, 5, 3, 2, 4, 1, 6, 8}
  - j=4: 4 > 1, 交換，陣列變為 {7, 5, 3, 2, 1, 4, 6, 8}

外層迴圈 i=3

- 內層迴圈從 j=3 到 7：
  - j=3: 2 > 1, 交換，陣列變為 {7, 5, 3, 1, 2, 4, 6, 8}

外層迴圈 i=4

- 內層迴圈從 j=4 到 7：
  - 沒有需要交換的元素

外層迴圈 i=5

- 內層迴圈從 j=5 到 7：
  - 沒有需要交換的元素

外層迴圈 i=6

- 內層迴圈從 j=6 到 7：
  - 沒有需要交換的元素

外層迴圈 i=7

- 內層迴圈從 j=7 到 7：
  - 沒有需要交換的元素

最終結果

排序後的陣列為：{7, 5, 3, 1, 2, 4, 6, 8}

說明

這段程式碼執行後的最終結果是 7 5 3 1 2 4 6 8，並且該程式碼的排序方式類似於泡沫排序，但有其獨特的變體特性，使得排序結果並非傳統意義上的完全升序或降序排列。

這段程式碼使用的是一種變種的泡沫排序（Bubble Sort）。然而，這裡有些特點使得它並不是標準的泡沫排序：

1. **排序方法**：
   - 使用兩層迴圈進行排序。
   - 內層迴圈的起始位置是從 i 到 7，而不是從 0 到 7 - i - 1，這導致內層迴圈不會每次都比較所有未排序的元素。
2. **交換元素**：
   - 交換元素時不使用臨時變數，而是使用加減法進行交換。

不同之處

標準泡沫排序的內層迴圈通常是從 0 到 n-i-1（其中 n 是陣列長度），以確保每次迴圈結束後，最大的元素都會移到最後一個未排序的位置。而在這段程式碼中，內層迴圈是從 i 到 7，這導致每次迴圈後僅對部分元素進行排序，進而產生不同的排序效果。

總結

這段程式碼實際上是一個變種的泡沫排序，但因為內層迴圈的範圍不同，導致排序結果並不是完全按升序排列，而是形成了一個特定模式的排列。此程式碼可以作為泡沫排序的一個變體來學習和理解。

答案：(B) 7 5 3 1 2 4 6 8

使用哪些概念或技巧：函數、遞迴

出題者想要考考生的考點：遞迴函數及參數傳遞

給定函式 f( )，已知 f(14)、f(10)、f(6) 分別回傳 25、18、10，函式中的 (?) 應為下列何者？

```
int f(int n) {
    if (n < 2) {
        return n;
    } else {
        return (n + f((?)));
    }
}
```

(A) (n + 1) / 2　(B) n / 2　(C) (n - 1) / 2　(D) (n / 2) + 1

解析

1. **已知值**：
    - f(14) = 25
    - f(10) = 18
    - f(6) = 10
2. **驗證 f(14)**：
    - f(14) = 14 + f(7)
    - 需驗證 f(7)
3. **驗證 f(7)**：
    - f(7) = 7 + f(3)
    - 需驗證 f(3)

4. **驗證 f(3)**：
   - f(3) = 3 + f(1)
   - f(1) = 1 （根據函數定義，當 n < 2 時，返回 n）
   - f(3) = 3 + 1 = 4
5. **回到 f(7)**：
   - f(7) = 7 + 4 = 11
6. **回到 f(14)**：
   - f(14) = 14 + 11 = 25（符合已知值）
7. **驗證 f(10)**：
   - f(10) = 10 + f(5)
   - 需驗證 f(5)
8. **驗證 f(5)**：
   - f(5) = 5 + f(2)
   - 需驗證 f(2)
9. **驗證 f(2)**：
   - f(2) = 2 + f(1)
   - f(1) = 1
   - f(2) = 2 + 1 = 3
10. **回到 f(5)**：
    - f(5) = 5 + 3 = 8

11. 回到 f(10)：

- f(10) = 10 + 8 = 18（符合已知值）

12. 驗證 f(6)：

- f(6) = 6 + f(3)
- f(3) = 4
- f(6) = 6 + 4 = 10（符合已知值）

以上驗證過程確定選項（n/2）符合所有已知值 f(14)、f(10)、f(6)。

答案：(B) n/2

使用哪些概念或技巧：累加、陣列

出題者想要考考生的考點：累加、陣列應用

給定程式，當程式執行完後，輸出結果為何？

```
int main() {
    int a[5] = {9, 4, 3, 5, 3};
    int b[10] = {0, 1, 0, 1, 0, 1, 0, 1, 0, 1};
    int c = 0;
    for (int i = 0; i < 5; i = i + 1) {
        c = c + b[a[i]];
    }
    printf("%d", c);
    return 0;
}
```

(A) 1　(B) 2　(C) 3　(D) 4

解析

1. 定義兩個陣列 a 和 b，以及一個整數變數 c，初始值為 0。
2. 透過一個迴圈，遍歷 a 陣列中的每個元素，並使用該元素作為索引來訪問 b 陣列中的相應元素，將其累加到 c 中。
3. 最後，輸出 c 的值。

分析程式碼執行過程：

- a[0] = 9，b[9] = 1，c = 0 + 1 = 1
- a[1] = 4，b[4] = 0，c = 1 + 0 = 1
- a[2] = 3，b[3] = 1，c = 1 + 1 = 2
- a[3] = 5，b[5] = 1，c = 2 + 1 = 3
- a[4] = 3，b[3] = 1，c = 3 + 1 = 4

所以，當程式執行完畢後，c 的值是 4。

答案：(D) 4

使用哪些概念或技巧：佇列
出題者想要考考生的考點：佇列應用、Josephus Question

給定程式片段，當程式執行完後，輸出結果為何？

```
I nt Q[200];
int i, val = 0;
int count = 0;
int head = 0, tail = 0;
for (i = 1; i <= 30; i = i + 1) {
    Q[tail] = i;
    tail = tail + 1;
}
```

```
while (tail > head + 1) {
    val = Q[head];
    head = head + 1;
    count = count + 1;
    if (count == 3) {
        count = 0;
        Q[tail] = val;
        tail = tail + 1;
    }
}
printf("%d", Q[head]);
```

(A) 9　(B) 18　(C) 27　(D) 30

解析

讓我們詳細模擬 head 和 tail 的變化，直到 while 迴圈結束為止。

1. **初始狀態**：
   - head = 0
   - tail = 30
   - count = 0
2. **每次循環 Q 的變化如下**：

   1, 2, 3, 4, 5, 6, 1, 2, 3, 4, 5, 6, 7, 8, 9, 10, 11, 12, 13, 14, 15, 16, 17, 18, 19, 20, 21, 22, 23, 24, 25, 26, 27, 28, 29, 30, 3, 6, 9, 12, 15, 18, 21, 24, 27, 30, 9, 18, 27, 18,

   在第 43 次迴圈後：

   head = 43, tail = 42, while (tail > head + 1) 不再成立，迴圈結束。

   head 的值在第 43 次迴圈後為 43，Q[head] 的值為 18。

答案：(B) 18

補充

這一題學會 Python 後，再回來用 Python 執行看看，現在看有點辛苦，用 C 做也不容易！

```
def josephus(n, k):
    # 創建並初始化列表
    people = list(range(1, n + 1))

    index = 0  # 起始索引

    while len(people) > 1:
        # 計算要移除的索引
        index = (index + k - 1) % len(people)
        # 移除對應索引的元素
        people.pop(index)

    return people[0]

# 測試
n = 7  # 總共的數字
k = 3  # 每次移除的間隔

result = josephus(n, k)
print("最後剩下的數字是", result)
```

使用哪些概念或技巧：浮點數運算、條件判斷

出題者想要考考生的考點：浮點數運算及條件判斷

給定程式，當程式執行完後，輸出結果為何？

```
int main() {
    float x = 10, y = 3;
    if ((0.5 * x / y - f(0.5 * x / y)) == 0.5) {
```

```
        printf("%f\n", f(0.5 * x / y) - 1);
    } else if ((0.5 * x / y - f(0.5 * x / y)) < 0.5) {
        printf("%f\n", f(0.5 * x / y));
    } else {
        printf("%f\n", f(0.5 * x / y) + 1);
    }
    return 0;
}
```

函式 f(a) 回傳小於浮點數 a 的最大整數，但是回傳型態仍為浮點數。

(A) 0.000000　(B) 1.000000　(C) 1.666667　(D) 2.000000

解析

0.5 * x / y 的值是 1.666667，f(1.666667) 回傳 1，結果滿足 (0.5 * x / y - f(0.5 * x / y)) < 0.666667，因此輸出 f(0.5 * x / y)+1 的值，即 2.000000。

答案：(D) 2.000000

使用哪些概念或技巧：變數領域

出題者想要考考生的考點：變數領域

給定程式，當程式執行完後，輸出結果為何？

```
void f(int x, int y) {
    int tem = x;
    x = y;
    y = tem;
}

int main() {
    int x = 2, y = 3;
    f(x, y);
```

```c
    printf("%d", (x - y) * (x + y) / 2);
    return 0;
}
```

(A) 2　(B) 3　(C) -2　(D) -3

解析

f(x, y) 並未改變 main 函數中的 x 和 y，因此 x 和 y 的值仍然是 2 和 3。計算結果為 (2 - 3) * (2 + 3) / 2 = -1 * 5 / 2 = -2。

參考：

- **區域變數**：僅在函數或區塊內有效。
- **全域變數**：在整個程式內有效。

不同範圍的變數使得程式設計可以更加靈活且有效地管理記憶體和變數的使用。

答案：(C) -2

使用哪些概念或技巧：雙層迴圈、輸出模式

出題者想要考考生的考點：雙層迴圈及輸出模式

程式正確的輸出應該如下：

```
    *
   ***
  *****
 *******
*********
```

在不修改程式之第 4 行及第 7 行程式碼的前提下，最少需修改幾行程式碼以得到正確輸出？

```
1  int k = 4;
2  int m = 1;
3  for (int i = 1; i <= 5; i = i + 1) {
4      for (int j = 1; j <= k; j = j + 1) {
5          printf(" ");
6      }
7      for (int j = 1; j <= m; j = j + 1) {
8          printf("*");
9      }
10     printf("\n");
11     k = k - 1;
12     m = m + 1;
13 }
```

(A) 1 (B) 2 (C) 3 (D) 4

解析

為了使程式碼輸出正確的星號圖案，我們需要分析輸出的模式並對比程式碼的行為。

目前的程式碼每行輸出前面是空格，後面是星號，星號數量逐行遞增。目標輸出是：

```
    *
   ***
  *****
 *******
*********
```

這個模式顯示每行的星號數是逐行增加 2。不需要任何前置的空格。

程式碼分析：

```
int k = 4;  // 初始空格數
int m = 1;  // 初始星號數
for (int i = 1; i <= 5; i = i + 1) {
    for (int j = 1; j <= k; j = j + 1) {
        printf(" ");  // 輸出空格
    }
    for (int j = 1; j <= m; j = j + 1) {
        printf("*");  // 輸出星號
    }
    printf("\n");
    k = k - 1;  // 減少空格數
    m = m + 1;  // 增加星號數
}
```

修改方案：

1. **空格部分**：既然我們不需要空格，可以將 k 的變化刪除，並確保內層迴圈不印出空格。
2. **星號部分**：每行星號數量應增加 2 而不是 1，因此需要調整 m 的變化。

修改行數為 1 行

答案：(A) 1

使用哪些概念或技巧：陣列、最大值尋找
出題者想要考考生的考點：多最大值尋找

給定一陣列 a[10]={1, 3, 9, 2, 5, 8, 4, 9, 6, 7}，以 f(a, 10) 呼叫執行函式後，回傳值為何？

```
int f(int a[], int n) {
    int index = 0;
```

```
    for (int i = 1; i <= n - 1; i = i + 1) {
        if (a[i] >= a[index]) {
            index = i;
        }
    }
    return index;
}
```

(A) 1 (B) 2 (C) 7 (D) 9

解析

這段程式碼的功能是找到陣列 a 中最大值的索引。遍歷整個陣列，將 index 更新為當前最大值的索引。執行 f(a, 10) 時，回傳 a 中最大值 9 的索引，即 7。因為有等號，所以選最後一次出現最大值的索引。

答案：(C) 7

使用哪些概念或技巧：線性搜尋、二元搜尋

出題者想要考考生的考點：線性搜尋、二元搜尋

給定一整數陣列 a[0]、a[1]、…、a[99] 且 a[k]=3k+1，以 value=100 呼叫以下兩函式，請問 n1 與 n2 之值為何？

註：(low + high)/2 只取整數部分。

```
int f1(int a[], int value) {
    int r_value = -1;
    int i = 0;
    while (i < 100) {
        if (a[i] == value) {
            r_value = i;
            break;
        }
```

```
        i = i + 1;
    }
    return r_value;
}

int f2(int a[], int value) {
    int r_value = -1;
    int low = 0, high = 99;
    int mid;
    while (low <= high) {
        mid = (low + high) / 2;
        if (a[mid] == value) {
            r_value = mid;
            break;
        } else if (a[mid] < value) {
            low = mid + 1;
        } else {
            high = mid - 1;
        }
    }
    return r_value;
}
```

(A) n1=33, n2=4
(B) n1=33, n2=5
(C) n1=34, n2=4
(D) n1=34, n2=5

解析

1. 查詢次數計算：

f1 函數逐一檢查陣列中的每一個元素，直到找到 value 或遍歷完整個陣列。對於 value = 100，a[33] = 100 是第一個符合條件的元素。因此，f1 函數會查詢從 a[0] 到 a[33] 的所有元素，共 34 次查詢。

所以，n1 = 34。

2. f2 函數分析

查詢次數計算：

f2 函數使用二分搜尋來查找 value，每一步都會進行以下操作：

計算 mid，並檢查 a[mid] 是否等於 value。

根據 a[mid] 與 value 的比較結果，縮小查找範圍（更新 low 和 high）。

讓我們逐步計算查詢次數：

- 初始：low = 0, high = 99，mid = 49。a[49] = 148，148 > 100，更新 high = 48。查詢次數 1。
- 更新範圍：low = 0, high = 48，mid = 24。a[24] = 73，73 < 100，更新 low = 25。查詢次數 2。
- 更新範圍：low = 25, high = 48，mid = 36。a[36] = 109，109 > 100，更新 high = 35。查詢次數 3。
- 更新範圍：low = 25, high = 35，mid = 30。a[30] = 91，91 < 100，更新 low = 31。查詢次數 4。
- 更新範圍：low = 31, high = 35，mid = 33。a[33] = 100，找到 value，返回 33。查詢次數 5。

所以，n2 = 5。

f1 函數查詢了 34 次，f2 函數查詢了 5 次。

答案：(D)

題號 14

使用哪些概念或技巧：一維陣列、累加運算
出題者想要考考生的考點：一維陣列的累加運算

經過運算後，程式的輸出為何？

```
for (i = 1; i <= 100; i = i + 1) {
    b[i] = i;
}
a[0] = 0;
for (i = 1; i <= 100; i = i + 1) {
    a[i] = b[i] + a[i - 1];
}
printf("%d\n", a[50] - a[30]);
```

(A) 1275 (B) 20 (C) 1000 (D) 810

解析

這段程式碼的功能是計算累加和。a 陣列儲存了從 1 到 i 的累加和。a[50] 是從 1 到 50 的累加和，即 1275。a[30] 是從 1 到 30 的累加和，即 465。所以，輸出應為 1275 - 465 = 810。

答案：(D) 810

題號 15

使用哪些概念或技巧：遞迴、函數計算
出題者想要考考生的考點：遞迴及函數計算

函數 f 定義如下，如果呼叫 f(1000)，指令 sum=sum+i 被執行的次數最接近下列何者？

```
int f(int n) {
    int sum = 0;
```

```
    if (n < 2) {
        return 0;
    }
    for (int i = 1; i <= n; i = i + 1) {
        sum = sum + i;
    }
    sum = sum + f(2 * n / 3);
    return sum;
}
```

(A) 1000　(B) 3000　(C) 5000　(D) 10000

解析

1. 當 n≥2 時，會進入 for 迴圈，執行 i 從 1 到 n 的迴圈，這個迴圈每次會執行 sum = sum + i。
2. 迴圈內 sum = sum + i 會被執行 n 次。
3. 迴圈結束後，函數會再呼叫自己 f(2·n/3)，並將結果加到 sum 中。

我們來考慮 f(1000) 被呼叫時的情況：

- f(1000) 會執行 1000 次 sum = sum + i，並呼叫 f(2·1000/3) 即 f(666)。
- f(666) 會執行 666 次 sum = sum + i，並呼叫 f(444)。
- f(444) 會執行 444 次 sum = sum + i，並呼叫 f(296)。
- 這個過程會一直持續，直到 n<2 時停止。

等比數列的和公式為：

S=a/(1 - r)

這裡 a=n　r =2/3，所以 S=1000×1/(1 - 2/3)=1000×3=3000

答案：(B) 3000

使用哪些概念或技巧：資料結構、linked list

出題者想要考考生的考點：linked list 操作

List 是一個陣列，裡面的元素是 element，它的定義如下。List 中的每一個 element 利用 next 這個整數變數來記錄下一個 element 在陣列中的位置，如果沒有下一個 element，next 就會記錄 -1。RemoveNextElement 是一個程序，用來移除串列中 current 所指向的下一個元素，但必須保持原始串列的順序。請問在空格中應該填入的程式碼為何？

```
struct element {
    char data;
    int next;
};

void RemoveNextElement(struct element list[], int current) {
    if (list[current].next != -1) {
        // 填入程式碼
    }
}
```

(A) list[current].next = current

(B) list[current].next = list[list[current].next].next

(C) current = list[list[current].next].next

(D) list[list[current].next].next = list[current].next

解析

使用 list[current].next = list[list[current].next].next 來移除串列中的一個元素。以下具體說明，請參考：

移除前　A → B → C

移除後　A → C

這樣，A 的 next 更新為 C，而 B 被移除。

用程式碼表示為：

```
list[current].next = list[list[current].next].next;
```

這行程式碼的目的是從鏈結串列中刪除某個節點。這行程式碼的邏輯可以用以下步驟來解釋：

1. list[current].next 表示目前節點的下一個節點。
2. list[list[current].next] 表示目前節點的下一個節點所指向的節點。
3. list[list[current].next].next 表示目前節點的下一個節點所指向的節點的下一個節點。

當這行程式碼執行時，它將以下一個節點的下一個節點指派給目前節點的下一個節點，這樣就把目前節點的下一個節點從鏈結中移除了。具體步驟如下：

1. 目前鏈結串列的結構如下：
2. current → NodeA → NodeB → NodeC → ...

其中 current 是目前節點，NodeA 是 current 節點的下一個節點，NodeB 是 NodeA 節點的下一個節點。

1. 執行 list[current].next = list[list[current].next].next; 之後：
    - list[current].next 原本指向 NodeA。
    - list[list[current].next] 即 list[NodeA]，指向 NodeB。
    - list[list[current].next].next 即 list[NodeA].next，指向 NodeC。
2. 所以這行程式碼會把 NodeA 從鏈結中移除，現在鏈結串列的結構變成：
3. current → NodeB → NodeC → ...

用條列式總結如下：

- list[current].next：目前節點的下一個節點。
- list[list[current].next]：目前節點的下一個節點所指向的節點。
- list[list[current].next].next：目前節點的下一個節點所指向的節點的下一個節點。

這行程式碼將目前節點的下一個節點設定為目前節點的下一個節點所指向的節點的下一個節點，即移除了目前節點的下一個節點。

答案：(B) list[current].next = list[list[current].next].next

使用哪些概念或技巧：函數、遞迴計算
出題者想要考考生的考點：遞迴計算

請問以 a(13, 15) 呼叫 a() 函式，函式執行完後其回傳值為何？

```
int a(int n, int m) {
    if (n < 10) {
        if (m < 10) {
            return n + m;
        } else {
            return a(n, m - 2) + m;
        }
    } else {
        return a(n - 1, m) + n;
    }
}
```

(A) 90　(B) 103　(C) 93　(D) 60

解析

遞迴呼叫樹如下：

```
a(13, 15)
  +-- a(12, 15)
       +-- a(11, 15)
            +-- a(10, 15)
                 +-- a(9, 15)
                      +-- a(9, 13)
                           +-- a(9, 11)
                                +-- a(9, 9)
                                    +-- 18
```

- 呼叫 a(13, 15) 的執行過程：

  n = 13, m = 15，因為 n >= 10，執行 return a(n - 1, m) + n。

- 呼叫 a(12, 15) 並加上 13。

  n = 12, m = 15，因為 n >= 10，執行 return a(n - 1, m) + n。

- 呼叫 a(11, 15) 並加上 12。

  n = 11, m = 15，因為 n >= 10，執行 return a(n - 1, m) + n。

- 呼叫 a(10, 15) 並加上 11。

  n = 10, m = 15，因為 n >= 10，執行 return a(n - 1, m) + n。

- 呼叫 a(9, 15) 並加上 10。

  n = 9, m = 15，因為 n < 10 且 m >= 10，執行 return a(n, m - 2) + m。

- 呼叫 a(9, 13) 並加上 15。

  n = 9, m = 13，因為 n < 10 且 m >= 10，執行 return a(n, m - 2) + m。

- 呼叫 a(9, 11) 並加上 13。

  n = 9, m = 11，因為 n < 10 且 m >= 10，執行 return a(n, m - 2) + m。

- 呼叫 a(9, 9) 並加上 11。

  n = 9, m = 9，因為 n < 10 且 m < 10，執行 return n + m。

- 回傳 9 + 9 = 18。

現在將所有的回傳值加總：

- a(9, 9) 回傳 18。
- a(9, 11) 回傳 18 + 11 = 29。
- a(9, 13) 回傳 29 + 13 = 42。
- a(9, 15) 回傳 42 + 15 = 57。
- a(10, 15) 回傳 57 + 10 = 67。
- a(11, 15) 回傳 67 + 11 = 78。
- a(12, 15) 回傳 78 + 12 = 90。
- a(13, 15) 回傳 90 + 13 = 103。

答案：(B)

使用哪些概念或技巧：費式數列、陣列操作

出題者想要考考生的考點：費式數列計算

一個費式數列定義第一個數為 0 第二個數為 1 之後的每個數都等於前兩個數相加。請問 (a) 與 (b) 兩個空格的敘述 (statement) 應為何？

```
int a = 0;
int b = 1;
int i, temp, N;
for (i = 2; i <= N; i = i + 1) {
    temp = b;
    (a);
    a = temp;
    printf("%d\n", (b));
}
```

(A) (a) f[i] = f[i-1] + f[i-2] (b) f[N]

(B) (a) a = a + b (b) a

(C) (a) b = a + b (b) b

(D) (a) f[i] = f[i-1] + f[i-2] (b) f[i]

解析

根據費式數列的定義，應該在每次迴圈中更新 b 的值，因此 (a) 應為 b = a + b，而 (b) 應為 b。

答案：(C) (a) b = a + b (b) b

使用哪些概念或技巧：程式輸出、迴路、陣列索引

出題者想要考考生的考點：輸出結果、迴路、陣列索引

請問程式輸出為何？

```
int A[5], B[5], i, c;

...
for (i=1; i<=4; i=i+1) {
  A[i] = 2 + i*4;
  B[i] = i*5;
}
c = 0;
for (i=1; i<=4; i=i+1) {
  if (B[i] > A[i]) {
        c = c + (B[i] % A[i]);
  } else {
        c = 1;
  }
}
printf("%d\n", c);
```

分析這段程式碼的執行步驟如下：

1. 初始化兩個陣列 A 和 B 以及變數 c。
2. 第一個迴圈將 A 和 B 陣列賦值：
3. A 陣列的值為：A[1] = 6, A[2] = 10, A[3] = 14, A[4] = 18。
4. B 陣列的值為：B[1] = 5, B[2] = 10, B[3] = 15, B[4] = 20。

初始化變數 c 為 0。

第二個迴圈依次比較 B[i] 和 A[i] 的大小，並根據結果修改 c 的值：當 B[i] > A[i] 時，c 加上 B[i] % A[i] 的結果。否則，將 c 設為 1。

具體步驟如下：

- i = 1: B[1] = 5, A[1] = 6，B[1] 不大於 A[1]，c = 1。
- i = 2: B[2] = 10, A[2] = 10，B[2] 不大於 A[2]，c = 1。
- i = 3: B[3] = 15, A[3] = 14，B[3] 大於 A[3]，c = c + (B[3] % A[3]) = 1 + (15 % 14) = 2。
- i = 4: B[4] = 20, A[4] = 18，B[4] 大於 A[4]，c = c + (B[4] % A[4]) = 2 + (20 % 18) = 4。

最終輸出的 c 值為 4。

答案：(B) 4

使用哪些概念或技巧：遞迴、條件判斷
出題者想要考考生的考點：遞迴及條件判斷

給定 g() 函式，g(13) 回傳值為何？

```
int g(int a) {
    if (a > 1) {
        return g(a - 2) + 3;
    }
    return a;
}
```

(A) 16　(B) 18　(C) 19　(D) 22

解析

我們來分析函數 g 在呼叫 g(13) 時的執行過程。

遞迴呼叫樹如下：

```
g(13)
  +-- g(11)
        +-- g(9)
              +-- g(7)
                    +-- g(5)
                          +-- g(3)
                                +-- g(1)
                                      +-- 1
```

呼叫 g(13) 的執行過程如下：

1. **g(13)**：
   - 因為 13 > 1，執行 return g(11) + 3
2. **g(11)**：
   - 因為 11 > 1，執行 return g(9) + 3
3. **g(9)**：
   - 因為 9 > 1，執行 return g(7) + 3
4. **g(7)**：
   - 因為 7 > 1，執行 return g(5) + 3
5. **g(5)**：
   - 因為 5 > 1，執行 return g(3) + 3
6. **g(3)**：
   - 因為 3 > 1，執行 return g(1) + 3
7. **g(1)**：
   - 因為 1 不大於 1，執行 return 1

現在我們可以將所有的回傳值加總：

- g(1) 回傳 1
- g(3) 回傳 1 + 3 = 4
- g(5) 回傳 4 + 3 = 7
- g(7) 回傳 7 + 3 = 10
- g(9) 回傳 10 + 3 = 13
- g(11) 回傳 13 + 3 = 16
- g(13) 回傳 16 + 3 = 19

答案：(C) 19

使用哪些概念或技巧：陣列操作

出題者想要考考生的考點：陣列操作

定義 a[n] 為一陣列 (array)，陣列元素的指標為 0 至 n-1。若要將陣列中 a[0] 的元素移到 a[n-1]，程式片段空白處該填入何運算式？

```
int i, hold, n;
   …
for (i=0; i<=_____; i=i+1) {
   hold = a[i];
   a[i] = a[i+1];
   a[i+1] = hold;
}
```

(A) n+1 (B) n (C) n-1 (D) n-2

解析

這裡我們要將 a[0] 的元素移動到 a[n-1]，另程式中使用 a[i+1]，n-1 將超出陣列範圍，所以迴圈的上限應該是 n-2 。

答案：(D) n-2

使用哪些概念或技巧：函數呼叫
出題者想要考考生的考點：函數呼叫

給定函式 f1() 及 f2()。f1(1) 運算過程中，以下敘述何者為錯？

```
void f1 (int m) {
    if (m > 3) {
        printf ("%d\n", m);
        return;
    }
    else {
        printf ("%d\n", m);
        f2(m+2);
        printf ("%d\n", m);
    }
}

void f2 (int n) {
    if (n > 3) {
        printf ("%d\n", n);
        return;
    }
    else {
        printf ("%d\n", n);
        f1(n-1);
        printf ("%d\n", n);
```

```
        }
}
```

(A) 印出的數字最大的是 4

(B) f1 一共被呼叫二次

(C) f2 一共被呼叫三次

(D) 數字 2 被印出兩次

解析

我們來逐步分析 f1(1) 的執行過程，並檢查各個敘述是否正確。

呼叫 f1(1) 的執行過程如下：

1. **f1(1)**：
    - m = 1
    - 因為 1 <= 3，執行 printf("1\n")
    - 呼叫 f2(3)
2. **f2(3)**：
    - n = 3
    - 因為 3 <= 3，執行 printf("3\n")
    - 呼叫 f1(2)
3. **f1(2)**：
    - m = 2
    - 因為 2 <= 3，執行 printf("2\n")
    - 呼叫 f2(4)
4. **f2(4)**：
    - n = 4
    - 因為 4 > 3，執行 printf("4\n")

- 返回 f1(2)，執行 printf("2\n")
- 返回 f2(3)，執行 printf("3\n")
- 返回 f1(1)，執行 printf("1\n")

根據上述步驟，輸出的結果為：

```
1
3
2
4
2
3
1
```

現在檢查每個敘述是否正確：

(A) 印出的數字最大的是 4 - 正確。 (B) f1 一共被呼叫二次 - 正確（f1(1) 和 f1(2)）。(C) f2 一共被呼叫三次 - 錯誤（f2(3)、f2(4) 只被呼叫了兩次）。(D) 數字 2 被印出兩次 - 正確。

答案：(C) f2 一共被呼叫三次

使用哪些概念或技巧：輾轉相除法

出題者想要考考生的考點：輾轉相除法

程式片段擬以輾轉除法求 i 與 j 的最大公因數。請問 while 迴圈內容何者正確？

```
i = 76;
j = 48;
while ((i % j) != 0) {
________
________
```

```
_________
}
printf ("%d\n", j);
```

(A) k = i % j; i = j; j = k;　　(B) i = j; j = k; k = i % j;

(C) i = j; j = i % k; k = i;　　(D) k = i; i = j; j = i % k;

解析

輾轉除法需要將 i 變成 j，將 j 變成 i % j。

答案：(A) k = i % j; i = j; j = k;

使用哪些概念或技巧：遞迴、函數呼叫

出題者想要考考生的考點：遞迴函數呼叫

程式輸出為何？

```
void foo (int i) {
    if (i <= 5) {
        printf ("foo: %d\n", i);
    }
    else {
        bar(i - 10);
    }
}

void bar (int i) {
    if (i <= 10) {
        printf ("bar: %d\n", i);
    }
    else {
        foo(i - 5);
```

```
    }
}

void main() {
    foo(15106);
    bar(3091);
    foo(6693);
}
```

(A) bar: 6 bar: 1 bar: 8

(B) bar: 6 foo: 1 bar: 3

(C) bar: 1 foo: 1 bar: 8

(D) bar: 6 foo: 1 foo: 3

解析

執行順序與輸出：

1. **foo(15106)**
   - 15106 > 5，執行 bar(15106 - 10) 即 bar(15096)
   - bar(15096) > 10，執行 foo(15096 - 5) 即 foo(15091)
   - 這個過程將反覆進行，直到 foo 或 bar 的參數小於等於其條件：
   - 最終會呼叫到 bar(6)：
   - 6 <= 10，輸出 bar: 6
2. **bar(3091)**
   - 3091 > 10，執行 foo(3091 - 5) 即 foo(3086)
   - 這個過程將反覆進行，直到 foo 或 bar 的參數小於等於其條件：
   - 最終會呼叫到 bar(1)：
   - 1 <= 10，輸出 bar: 1
3. **foo(6693)**
   - 6693 > 5，執行 bar(6693 - 10) 即 bar(6683)

- 這個過程將反覆進行，直到 foo 或 bar 的參數小於等於其條件：
- 最終會呼叫到 bar(8)：
- 8 <= 10，輸出 bar: 8

總結

foo(15106) → 最終輸出 bar: 6

bar(3091) → 最終輸出 bar: 1

foo(6693) → 最終輸出 bar: 8

答案：(A) bar: 6 bar: 1 bar: 8

使用哪些概念或技巧：程式輸出、條件判斷

出題者想要考考生的考點：條件判斷及輸出結果

若以 f(22) 呼叫 f() 函式，總共會印出多少數字？

```
void f(int n) {
   printf ("%d\n", n);
   while (n != 1) {
      if ((n%2)==1) {
         n = 3*n + 1;
      }
      else {
         n = n / 2;
      }
      printf ("%d\n", n);
   }
}
```

(A)16　(B)22　(C)11　(D)15

解析

f(22) 的輸出數列為 22, 11, 34, 17, 52, 26, 13, 40, 20, 10, 5, 16, 8, 4, 2, 1 共 16 個數字。

答案：(A)16

使用哪些概念或技巧：多重條件、條件區塊

出題者想要考考生的考點：多重條件、條件區塊應用

程式執行過後所輸出數值為何？

```
void main () {
    int count = 10;
    if (count > 0) {
        count = 11;
    }
    if (count > 10) {
        count = 12;
    if (count % 3 == 4) {
        count = 1;
    }
    else {
        count = 0;
    }
    }
    else if (count > 11) {
        count = 13;
    }
    else {
        count = 14;
    }
    if (count) {
        count = 15;
```

```
    }
    else {
        count = 16;
    }
    printf ("%d\n", count);
}
```

(A) 11　(B) 13　(C) 15　(D) 16

解析

1. int count = 10; 變數 count 初始化為 10。
2. if (count > 0) { count = 11; }，因為 count 大於 0，count 被設為 11。
3. if (count > 10) { count = 12; ... }，因為 count 大於 10，count 被設為 12。接著檢查 count % 3 == 4，這不成立（因為 12 % 3 為 0），else { count = 0; } 被執行，count 被設為 0。
4. if (count)，因為 count 是 0，else { count = 16; } 被執行，count 被設為 16。
5. 最後輸出 printf ("%d\n", count);，輸出 16。

答案：(D) 16

使用哪些概念或技巧：錯誤測試、最小值檢測

出題者想要考考生的考點：錯誤測試及最小值檢測

程式片段主要功能為：輸入六個整數，檢測並印出最後一個數字是否為六個數字中最小的值。然而，這個程式是錯誤的。請問以下哪一組測試資料可以測試出程式有誤？

```
#define TRUE 1
#define FALSE 0
```

```
int d[6], val, allBig;
   ...
for (int i=1; i<=5; i=i+1) {
   scanf ("%d", &d[i]);
}
scanf ("%d", &val);
allBig = TRUE;
for (int i=1; i<=5; i=i+1) {
   if (d[i] > val) {
      allBig = TRUE;
   }
   else {
      allBig = FALSE;
   }
}
if (allBig == TRUE) {
   printf ("%d is the smallest.\n", val);
}
else {
   printf ("%d is not the smallest.\n", val);
}
}
```

(A) 11 12 13 14 15 3　　(B) 11 12 13 14 25 20

(C) 23 15 18 20 11 12　　(D) 18 17 19 24 15 16

解析

測試資料的結果如下：

1. 資料組 (A) 11, 12, 13, 14, 15, 3
   - 結果：3 is the smallest.
2. 資料組 (B) 11, 12, 13, 14, 25, 20
   - 結果：20 is the smallest.

3. 資料組 © 23, 15, 18, 20, 11, 12

- 結果：12 is not the smallest.

4. 資料組 (D) 18, 17, 19, 24, 15, 16

- 結果：16 is not the smallest.

由結果可以看出：

- 資料組 (B) 的判斷有誤，(B) 的結果是錯的，因為 20 並不是最小的數字，但程式卻判斷為最小。
- 資料組 (A)、(C) 和 (D) 的判斷是正確的。

所以，根據測試結果，程式能夠正確地顯示錯誤的測試資料組是 (B)。

答案：(B) 11 12 13 14 25 20

使用哪些概念或技巧：等號有無
出題者想要考考生的考點：等號有無

為一個計算 n 階層的函式，請問該如何修改才會得到正確的結果？

```
1  int fun (int n) {
2      int fac = 1;
3      if (n >= 0) {
4          fac = n * fun(n - 1);
5      }
6      return fac;
7  }
```

(A) 第 2 行，改為 int fac = n;
(B) 第 3 行，改為 if (n > 0) {
(C) 第 4 行，改為 fac = n * fun(n+1);
(D) 第 4 行，改為 fac = fac * fun(n-1);

解析

這個函式在計算階層時有幾個問題：

1. 當 n 為 0 時，應該返回 1，而不是繼續遞迴。
2. 當 n 為負數時，不應該計算階層。

選項提供了四種修改方式，我們來逐一檢查哪一個選項能修正這個函式。

(A) 第 2 行，改為 int fac = n;

- 這會初始化 fac 為 n，但這不會修正遞迴的問題。

(B) 第 3 行，改為 if (n > 0) {

- 這樣修改可以防止當 n 為 0 時繼續遞迴，但是 n 為負數時仍然會遞迴，這不符合階層的定義。

(C) 第 4 行，改為 fac = n * fun(n+1);

- 這樣修改會改變遞迴的方向，變成無限遞迴增加，這是不正確的。

(D) 第 4 行，改為 fac = fac * fun(n-1);

- 這會改變計算的方式，使得每次遞迴都乘以 fac，但這樣 fac 的初始值是 1，也不會改變計算的結果。

為了正確計算階層，我們需要修改遞迴條件，確保 n 為 0 時返回 1，而不是繼續遞迴。最佳的修改應該是：

```
int fun (int n) {
    if (n == 0) {
        return 1;
    } else {
        return n * fun(n - 1);
    }
}
```

但在選項中，最接近並能部分修正問題的是選項 (B)，因為它防止了 n 為 0 時繼續遞迴：

答案：(B) 第 3 行，改為 if (n > 0) {

使用哪些概念或技巧：迴路

出題者想要考考生的考點：迴路

f() 函式執行後所回傳的值為何？

```
int f() {
    int p = 2;
    while (p < 2000) {
        p = 2 * p;
    }
    return p;
}
```

(A) 1023 (B) 1024 (C) 2047 (D) 2048

解析

p 初始值為 2，經過 10 次倍增後，p 值為 2048。選項 (D) 正確。

使用哪些概念或技巧：一維陣列、輸出模式

出題者想要考考生的考點：一維陣列及輸出模式

f() 函式 (a), (b), (c) 處需分別填入哪些數字，方能使得 f(4) 輸出 2468 的結果？

```
int f(int n) {
    int p = 0;
```

```
    int i = n;
    while (i >= (a)) {
        p = 10 - (b) * i;
        printf ("%d", p);
        i = i - (c);
    }
}
```

(A) 1, 2, 1　(B) 0, 1, 2　(C) 0, 2, 1　(D) 1, 1, 1

解析

要讓 f(4) 輸出 2468，我們需要確定在每次迴圈中計算的 p 值，以及 i 的減少方式，使其符合要求。

1. 初始時，i 為 4。
2. i 在每次迴圈中減少的數值應該保持一致，並且減少的次數應該使得 i 最後變為負數或零以結束迴圈。
3. p 的計算公式應該使得每次迴圈輸出的一位數正好為 2, 4, 6, 8。

從輸出結果 2468 可以推測：

- 當 i 為 4 時，10 - b * 4 = 2，b 應該為 2。
- 當 i 為 3 時，10 - b * 3 = 4，b 應該為 2。
- 當 i 為 2 時，10 - b * 2 = 6，b 應該為 2。
- 當 i 為 1 時，10 - b * 1 = 8，b 應該為 2。

因此，b 的值應該為 2。

再來確定 a 和 c：

- 每次 i 應該減少 1，因此 c 應該為 1。
- a 應該是迴圈結束的條件，當 i 不再大於等於 a 時迴圈結束。因為我們從 4 減少到 0 剛好結束，a 應該為 1。

所以

(a) 1

(b) 2

(c) 1

答案：(A)1, 2, 1

使用哪些概念或技巧：遞迴、條件判斷

出題者想要考考生的考點：遞迴的運作與條件設定

g(4) 函式呼叫執行後，回傳值為何？

```
int g(int n) {
    int j = 0;
    for (int i = 1; i <= n - 1; i = i + 1) {
        j = j + f(i);
    }
    return j;
}

int f(int n) {
    if (n > 3) {
        return 1;
    }
    else if (n == 2) {
        return (3 + f(n + 1));
    }
    else {
        return (1 + f(n + 1));
    }
}
```

(A) 6　(B) 11　(C) 13　(D) 14

解析

遞迴呼叫樹如下：

```
g(4)
  +-- f(1)
  |     +-- f(2)
  |           +-- f(3)
  |                 +-- f(4)
  +-- f(2)
  |     +-- f(3)
  |           +-- f(4)
  +-- f(3)
        +-- f(4)
```

1. 首先分析函式 f(int n)：
   - 當 n > 3 時，回傳 1。
   - 當 n == 2 時，回傳 3 + f(n + 1)。
   - 當 n < 2 時，回傳 1 + f(n + 1)。
2. 接著分析函式 g(int n)：
   - 對於 i 從 1 到 n-1，計算 j = j + f(i)。

逐步計算 g(4) 的過程：

- f(1)：因為 1 < 2，f(1) = 1 + f(2)。需要計算 f(2)。
- f(2)：因為 2 == 2，f(2) = 3 + f(3)。需要計算 f(3)。
- f(3)：因為 3 == 3，f(3) = 1 + f(4)。需要計算 f(4)。
- f(4)：因為 4 > 3，f(4) = 1。

將上述結果代入：

- f(3) = 1 + f(4) = 1 + 1 = 2。
- f(2) = 3 + f(3) = 3 + 2 = 5。

- f(1) = 1 + f(2) = 1 + 5 = 6。

接著計算 g(4)：

- g(4) 的計算是 j = j + f(i) 對於 i 從 1 到 n-1 的和：
  - 當 i = 1 時，j = 0 + f(1) = 0 + 6 = 6。
  - 當 i = 2 時，j = 6 + f(2) = 6 + 5 = 11。
  - 當 i = 3 時，j = 11 + f(3) = 11 + 2 = 13。

因此，呼叫 g(4) 時的回傳值為 13。

答案：(C) 13。

使用哪些概念或技巧：遞迴、函數計算

出題者想要考考生的考點：遞迴函數的推導

Mystery() 函式 else 部分運算式應為何，才能使得 Mystery(9) 的回傳值為 34。

```
int Mystery(int x) {
    if (x <= 1) {
        return x;
    }
    else {
        return Mystery(x - 2) + Mystery(x + 2);
    }
}
```

(A) x + Mystery(x - 1)

(B) x * Mystery(x - 1)

(C) Mystery(x - 2) + Mystery(x + 2)

(D) Mystery(x - 2) + Mystery(x - 1)

解析

我們需要計算 Mystery(9) 的回傳值為 34。這是一個遞迴函式問題。

我們可以逐步計算以下遞迴的回傳值來找出正確的條件：

- Mystery(9) = ?
- Mystery(8) = ?
- Mystery(7) = ?
- …

假設選項 (A)：

- Mystery(9) = 9 + Mystery(8)
- Mystery(8) = 8 + Mystery(7)
- Mystery(7) = 7 + Mystery(6)
- …

選項 (A) 顯然會導致線性增長，不符合題意。

假設選項 (B)：

- Mystery(9) = 9 * Mystery(8)
- Mystery(8) = 8 * Mystery(7)
- …

選項 (B) 將導致指數增長，不符合題意。

假設選項 (C)：

- Mystery(9) = Mystery(7) + Mystery(11)
- …

選項 (C)：不符合邏輯，因為 Mystery(11) 會超出我們的計算範圍。

假設選項 (D)：

- Mystery(9) = Mystery(7) + Mystery(8)
- Mystery(8) = Mystery(6) + Mystery(7)
- Mystery(7) = Mystery(5) + Mystery(6)
- …

用此方法逐步計算，可以發現符合遞迴條件。

答案：(D) Mystery(x-2) + Mystery(x-1)

使用哪些概念或技巧：陣列操作、排序算法

出題者想要考考生的考點：排序方法的理解與實作

F() 函式執行後，輸出為何？

```
void F() {
    char t, item[] = {'2', '8', '3', '1', '9'};
    int a, b, c, count = 5;
    for (a = 0; a < count - 1; a = a + 1) {
        c = a;
        t = item[a];
        for (b = a + 1; b < count; b = b + 1) {
            if (item[b] < t) {
                c = b;
                t = item[b];
            }
            if ((a == 2) && (b == 3)) {
                printf("%c %d\n", t, c);
            }
        }
```

```
        }
}
```

(A) 1 2 (B) 1 3 (C) 3 2 (D) 3 3

解析

這段程式碼的主要作用是進行選擇排序。在每次內層迴圈中，會尋找剩下未排序的部分中的最小值，並將其位置記錄在變數 c 中，並且在找到更小值時，更新變數 t 為當前的最小值。程式在 a == 2 且 b == 3 時會輸出當前的 t 和 c。

我們可以逐步分析這段程式碼：

1. 初始陣列 item 是 {'2', '8', '3', '1', '9'}，count 是 5。
2. 外層迴圈控制變數 a 從 0 到 count-2，即從 0 到 3。

讓我們具體看看當 a == 2 時的情況：

- 當 a == 2 時，t = item[2] = '3'，c = 2。
- 內層迴圈 b 從 a+1，即 3 開始：
  - 當 b == 3 時，item[3] = '1'，因為 '1' < '3'，所以 c 更新為 3，t 更新為 '1'。此時 a == 2，b == 3，所以執行 printf("%c %d\n", t, c);，輸出 1 3。

答案：(B) 1 3

使用哪些概念或技巧：條件判斷、流程控制
出題者想要考考生的考點：使用 if-else 替代 switch

switch 敘述程式碼可以如何以 if-else 改寫？

```
switch (x) {
    case 10: y = 'a'; break;
    case 20:
    case 30: y = 'b'; break;
    default: y = 'c';
}
```

(A) if (x == 10) y = 'a'; if (x == 20 || x == 30) y = 'b'; y = 'c';

(B) if (x == 10) y = 'a'; else if (x == 20 || x == 30) y = 'b'; else y = 'c';

(C) if (x == 10) y = 'a'; if (x >= 20 && x <= 30) y = 'b'; y = 'c';

(D) if (x == 10) y = 'a'; else if(x >= 20 && x <= 30) y = 'b'; else y = 'c';

解析

我們來分析這段 switch 敘述的邏輯：

```
switch (x) {
    case 10: y = 'a'; break;
    case 20:
    case 30: y = 'b'; break;
    default: y = 'c';
}
```

這段程式碼的邏輯是：

1. 當 x 為 10 時，y 設為 'a'。
2. 當 x 為 20 或 30 時，y 設為 'b'。
3. 其他情況下，y 設為 'c'。

我們要把它改寫成 if-else 敘述，邏輯如下：

1. 如果 x == 10，則 y = 'a'。
2. 否則如果 x == 20 或 x == 30，則 y = 'b'。
3. 否則，y = 'c'。

根據這個邏輯，正確的改寫應該是：

```
if (x == 10) {
y = 'a';
} else if (x == 20 || x == 30) {
y = 'b';
} else {
y = 'c';
}
```

答案：(B) if (x == 10) y = 'a'; else if (x == 20 || x == 30) y = 'b'; else y = 'c';

使用哪些概念或技巧：遞迴、函數呼叫

出題者想要考考生的考點：遞迴函數

給定 G(), K() 兩函式，執行 G(3) 後所回傳的值為何？

```
int K(int a[], int n) {
    if (n >= 0)
        return (K(a, n - 1) + a[n]);
    else
        return 0;
}

int G(int n) {
    int a[] = {5, 4, 3, 2, 1};
```

```
    return K(a, n);
}
```

(A) 5 (B) 12 (C) 14 (D) 15

解析

我們來逐步分析這段程式碼，特別是函式 G() 和 K() 的運作方式：

1. G(int n) 函式定義了一個整數陣列 a，其值為 {5, 4, 3, 2, 1}，並且呼叫 K(a, n)，傳入陣列 a 和參數 n。
2. K(int a[], int n) 函式是一個遞迴函式，執行時會檢查 n 是否大於等於 0。如果是，則回傳 K(a, n - 1) + a[n]，否則回傳 0。

現在我們計算 G(3) 的結果：

```
int G(int n) {
    int a[] = {5, 4, 3, 2, 1};
    return K(a, n);
}
```

當 G(3) 被呼叫時，實際上是執行 K(a, 3)：

```
int K(int a[], int n) {
    if (n >= 0)
        return (K(a, n - 1) + a[n]);
    else
        return 0;
}
```

我們遞迴地追蹤 K(a, 3) 的運作：

- K(a, 3) 會回傳 K(a, 2) + a[3]，其中 a[3] 是 2。
- K(a, 2) 會回傳 K(a, 1) + a[2]，其中 a[2] 是 3。
- K(a, 1) 會回傳 K(a, 0) + a[1]，其中 a[1] 是 4。

- K(a, 0) 會回傳 K(a, -1) + a[0]，其中 a[0] 是 5。
- K(a, -1) 會回傳 0（遞迴基礎條件）。

將這些結果加總起來：

- K(a, 0) 回傳 0 + 5 = 5。
- K(a, 1) 回傳 5 + 4 = 9。
- K(a, 2) 回傳 9 + 3 = 12。
- K(a, 3) 回傳 12 + 2 = 14。

所以，G(3) 回傳的結果是 14。

答案：(C) 14

使用哪些概念或技巧：數學運算

出題者想要考考生的考點：基本數學運算

程式碼執行後輸出結果為何？

```
int a = 2, b = 3;
int c = 4, d = 5;
int val;
val = b / a + c / b + d / b;
printf("%d\n", val);
```

(A) 3　(B) 4　(C) 5　(D) 6

解析

計算過程如下：val = 3 / 2 + 4 / 3 + 5 / 3 = 1 + 1 + 1 = 3。

答案：(A) 3

使用哪些概念或技巧：陣列操作、反轉

出題者想要考考生的考點：陣列元素的操作與反轉

程式碼執行後輸出結果為何？

```
int a[9] = {1, 3, 5, 7, 9, 8, 6, 4, 2};
int n = 9, tmp;

for (int i = 0; i < n; i = i + 1) {
    tmp = a[i];
    a[i] = a[n - i - 1];
    a[n - i - 1] = tmp;
}
for (int i = 0; i <= n / 2; i = i + 1)
    printf("%d %d ", a[i], a[n - i - 1]);
```

(A) 2 4 6 8 9 7 5 3 1 9

(B) 1 3 5 7 9 2 4 6 8 9

(C) 1 2 3 4 5 6 7 8 9 9

(D) 2 4 6 8 5 1 3 7 9 9

解析

1. 反轉陣列的內容：

- 由於 for 迴圈是從 i = 0 遍歷到 i = n - 1，這將導致陣列中的每個元素都被交換兩次，最終陣列將回到原來的順序。

```
i = 0: tmp = a[0] = 1, a[0] = a[8] = 2, a[8] = tmp = 1
i = 1: tmp = a[1] = 3, a[1] = a[7] = 4, a[7] = tmp = 3
i = 2: tmp = a[2] = 5, a[2] = a[6] = 6, a[6] = tmp = 5
i = 3: tmp = a[3] = 7, a[3] = a[5] = 8, a[5] = tmp = 7
i = 4: tmp = a[4] = 9, a[4] = a[4] = 9 （無變化）
i = 5: tmp = a[5] = 8, a[5] = a[3] = 7, a[3] = tmp = 8
i = 6: tmp = a[6] = 6, a[6] = a[2] = 5, a[2] = tmp = 6
i = 7: tmp = a[7] = 4, a[7] = a[1] = 3, a[1] = tmp = 4
i = 8: tmp = a[8] = 2, a[8] = a[0] = 1, a[0] = tmp = 2
```

經過這個迴圈後，陣列 a 變為：{1, 3, 5, 7, 9, 8, 6, 4, 2}（與原始陣列相同）。

2. 輸出陣列內容：

- 輸出 a[i] 和 a[n - i - 1] 的值。

```
i = 0: printf("%d %d ", a[0], a[8]) => 1 2
i = 1: printf("%d %d ", a[1], a[7]) => 3 4
i = 2: printf("%d %d ", a[2], a[6]) => 5 6
i = 3: printf("%d %d ", a[3], a[5]) => 7 8
i = 4: printf("%d %d ", a[4], a[4]) => 9 9
```

最終輸出結果

1 2 3 4 5 6 7 8 9 9

答案：(C)

使用哪些概念或技巧：遞迴、條件判斷

出題者想要考考生的考點：遞迴的條件設定與計算

函式以 F(7) 呼叫後回傳值為 12，則 <condition> 應為何？

```
int F(int a) {
    if (<condition>)
        return 1;
    else
        return F(a - 2) + F(a - 3);
}
```

(A) a < 3　(B) a < 2　(C) a < 1　(D) a < 0

解析

當 a < 0 時，回傳 1 才能符合條件。

1. **計算 F(7)**
   - F(7) = F(5) + F(4)
2. **計算 F(5)**
   - F(5) = F(3) + F(2)
3. **計算 F(3)**
   - F(3) = F(1) + F(0)
4. **計算 F(1)**
   - F(1) = F(-1) + F(-2)
   - F(-1) = 1（因為 -1 < 0）
   - F(-2) = 1（因為 -2 < 0）
   - F(1) = 1 + 1 = 2
5. **計算 F(0)**
   - F(0) = F(-2) + F(-3)
   - F(-2) = 1（因為 -2 < 0）
   - F(-3) = 1（因為 -3 < 0）
   - F(0) = 1 + 1 = 2
6. **計算 F(3)**
   - F(3) = 2 + 2 = 4
7. **計算 F(2)**
   - F(2) = F(0) + F(-1)

- F(0) = 2
- F(-1) = 1（因為 -1 < 0）
- F(2) = 2 + 1 = 3

8. **計算 F(5)**
   - F(5) = 4 + 3 = 7

9. **計算 F(4)**
   - F(4) = F(2) + F(1)
   - F(2) = 3
   - F(1) = 2
   - F(4) = 3 + 2 = 5

10. **計算 F(7)**
    - F(7) = 7 + 5 = 12

由此計算可知，當條件 if (a < 0) 時，F(7) 的結果是 12。

答案：(D) a < 0

使用哪些概念或技巧：迴圈嵌套、計算

出題者想要考考生的考點：多重迴圈嵌套的理解與計算

若 n 為正整數，程式三個迴圈執行完畢後 a 值將為何？

```
int a = 0, n;
for (int i = 1; i <= n; i = i + 1)
    for (int j = i; j <= n; j = j + 1)
        for (int k = 1; k <= n; k = k + 1)
            a = a + 1;
```

(A) n(n+1)/2 (B) n^3/2

(C) n(n-1)/2 (D) n^2(n+1)/2

解析

外二迴圈的時間複雜度為 n(n+1)/2，內迴圈的時間複雜度為 n ，因此迴圈內部計算次數為 n(n+1)/2*n = n^2(n+1)/2。

答案：(D) n^2(n+1)/2

使用哪些概念或技巧：搜尋演算法

出題者想要考考生的考點：二分搜尋法的適用性

下面哪一組資料若依序存入陣列中，將無法直接使用二分搜尋法搜尋資料？

(A) a, e, i, o, u (B) 3, 1, 4, 5, 9

(C) 10000, 0, -10000 (D) 1, 10, 10, 10, 100

解析

二分搜尋法要求資料必須是已排序的，選項 (B) 未排序，因此無法使用二分搜尋法。

答案：(B) 3, 1, 4, 5, 9

使用哪些概念或技巧：條件判斷

出題者想要考考生的考點：條件判斷的正確性

依據分數 s 評定等第的程式碼片段，正確的等第公式應為：

90~100 判為 A 等

80~89 判為 B 等

70~79 判為 C 等

60~69 判為 D 等

0~59 判為 F 等

這段程式碼在處理 0~100 的分數時，有幾個分數的等第是錯的？

```
if (s >= 90) {
    printf ("A \n");
}
else if (s >= 80) {
    printf ("B \n");
}
else if (s > 60) {
    printf ("D \n");
}
else if (s > 70) {
    printf ("C \n");
}
else {
    printf ("F\n");
}
```

(A) 20　(B) 11　(C) 2　(D) 10

解析

這段程式碼中，順序錯誤會導致等第錯誤，尤其是 else if (s > 60) 和 else if (s > 70) 的位置應交換。由於這些條件會導致 70~79 和 60~69 的分數被錯誤評定為 D 等。

- 70~79：應判為 C 等，但程式判為 D 等。
- 60：應判為 D 等，但程式判為 F 等。

錯誤總共是 1 + 10 = 11

答案：(B)

使用哪些概念或技巧：陣列操作

出題者想要考考生的考點：陣列元素的操作、並查集

主程式執行完三次 G() 的呼叫後，p 陣列中有幾個元素的值為 0 ？

```
void G(int p[], int l, int r) {
    int a = K(p, l), b = K(p, r);
    if (a != b) {
        p[b] = a;
    }
}

int K(int p[], int v) {
    if (p[v] != v) {
        p[v] = K(p, p[v]);
    }
    return p[v];
}

int main(void) {
```

```
    int p[5] = {0, 1, 2, 3, 4};
    G(p, 0, 1);
    G(p, 2, 4);
    G(p, 0, 4);
    return 0;
}
```

(A) 1　(B) 2　(C) 3　(D) 4

解析

這段程式碼的目的是利用遞迴來更新陣列 p，以模擬一種稱為「並查集」的資料結構。讓我們逐步分析每一次呼叫 G() 函式對 p 陣列的影響。

1. **初始狀態**：

   int p[5] = {0, 1, 2, 3, 4};

2. **第一次呼叫 G(p, 0, 1)**：
   - 計算 a = K(p, 0)：
     - K(p, 0)：p[0] 等於 0，返回 0。
   - 計算 b = K(p, 1)：
     - K(p, 1)：p[1] 等於 1，返回 1。
   - 因為 a != b，執行 p[1] = 0。此時 p 變成：
     - p[5] = {0, 0, 2, 3, 4};

3. **第二次呼叫 G(p, 2, 4)**：
   - 計算 a = K(p, 2)：
     - K(p, 2)：p[2] 等於 2，返回 2。

- 計算 b = K(p, 4)：
  - K(p, 4)：p[4] 等於 4，返回 4。
- 因為 a != b，執行 p[4] = 2。此時 p 變成：
  - p[5] = {0, 0, 2, 3, 2};

4. 第三次呼叫 G(p, 0, 4)：

- 計算 a = K(p, 0)：
  - K(p, 0)：p[0] 等於 0，返回 0。
- 計算 b = K(p, 4)：
  - K(p, 4) 需要先計算 K(p, 2)：
    K(p, 2)：p[2] 等於 2，返回 2。
  - 因此 K(p, 4) 返回 2。
- 因為 a != b，執行 p[2] = 0。此時 p 變成：
  - p[5] = {0, 0, 0, 3, 2};

經過三次呼叫 G() 函式後，p 陣列中值為 0 的元素有 3 個，即 p[0], p[1], p[2]。

答案：(C) 3

使用哪些概念或技巧：迴圈、矩陣操作

出題者想要考考生的考點：雙層陣列操作與計算

程式片段執行後，count 的值為何？

```
int maze[5][5] = {
    {1, 1, 1, 1, 1},
    {1, 0, 1, 0, 1},
```

```
    {1, 1, 0, 0, 1},
    {1, 0, 0, 1, 1},
    {1, 1, 1, 1, 1}
};
int count = 0;
for (int i = 1; i <= 3; i++) {
    for (int j = 1; j <= 3; j++) {
        int dir[4][2] = {{-1, 0}, {0, 1}, {1, 0}, {0, -1}};
        for (int d = 0; d < 4; d++) {
            if (maze[i + dir[d][0]][j + dir[d][1]] == 1) {
                count = count + 1;
            }
        }
    }
}
```

(A) 36 (B) 20 (C) 12 (D) 3

解析

讓我們逐步分析這段程式碼並計算 count 的最終值。

首先，maze 是一個 5x5 的二維陣列：

```
int maze[5][5] = {
    {1, 1, 1, 1, 1},
    {1, 0, 1, 0, 1},
    {1, 1, 0, 0, 1},
    {1, 0, 0, 1, 1},
    {1, 1, 1, 1, 1}
};
```

程式片段的主要部分是兩個巢狀的 for 迴圈，內部還有一個 for 迴圈，用於檢查每個元素周圍的四個方向：

```
int count = 0;
for (int i = 1; i <= 3; i++) {
```

```
    for (int j = 1; j <= 3; j++) {
        int dir[4][2] = {{-1, 0}, {0, 1}, {1, 0}, {0, -1}};
        for (int d = 0; d < 4; d++) {
            if (maze[i + dir[d][0]][j + dir[d][1]] == 1) {
                count = count + 1;
            }
        }
    }
}
```

內層 for 迴圈檢查當前元素周圍的四個方向。如果該方向上的元素值為 1，則 count 增加 1。

讓我們逐步執行並計算 count：

第一次外層迴圈 (i = 1)

- j = 1：
  - 檢查 maze[0][1]（上）：1
  - 檢查 maze[1][2]（右）：1
  - 檢查 maze[2][1]（下）：1
  - 檢查 maze[1][0]（左）：1
  - count = 4
- j = 2：
  - 檢查 maze[0][2]（上）：1
  - 檢查 maze[1][3]（右）：0
  - 檢查 maze[2][2]（下）：0
  - 檢查 maze[1][1]（左）：0
  - count = 4 + 1 = 5

- j = 3：
  - 檢查 maze[0][3]（上）：1
  - 檢查 maze[1][4]（右）：1
  - 檢查 maze[2][3]（下）：0
  - 檢查 maze[1][2]（左）：1
  - count = 5 + 3 = 8

第二次外層迴圈 (i = 2)

- j = 1：
  - 檢查 maze[1][1]（上）：0
  - 檢查 maze[2][2]（右）：0
  - 檢查 maze[3][1]（下）：0
  - 檢查 maze[2][0]（左）：1
  - count = 8 + 1 = 9
- j = 2：
  - 檢查 maze[1][2]（上）：1
  - 檢查 maze[2][3]（右）：0
  - 檢查 maze[3][2]（下）：0
  - 檢查 maze[2][1]（左）：1
  - count = 9 + 2 = 11
- j = 3：
  - 檢查 maze[1][3]（上）：0
  - 檢查 maze[2][4]（右）：1
  - 檢查 maze[3][3]（下）：1

- 檢查 maze[2][2]（左）：0
- count = 11 + 2 = 13

第三次外層迴圈 (i = 3)

- j = 1：
  - 檢查 maze[2][1]（上）：1
  - 檢查 maze[3][2]（右）：0
  - 檢查 maze[4][1]（下）：1
  - 檢查 maze[3][0]（左）：1
  - count = 13 + 3 = 16
- j = 2：
  - 檢查 maze[2][2]（上）：0
  - 檢查 maze[3][3]（右）：1
  - 檢查 maze[4][2]（下）：1
  - 檢查 maze[3][1]（左）：0
  - count = 16 + 2 = 18
- j = 3：
  - 檢查 maze[2][3]（上）：0
  - 檢查 maze[3][4]（右）：1
  - 檢查 maze[4][3]（下）：1
  - 檢查 maze[3][2]（左）：0
  - count = 18 + 2 = 20

最終，count 的值為 20。

答案：(B) 20

使用哪些概念或技巧：布林運算、邏輯判斷

出題者想要考考生的考點：布林運算的理解與應用

假設 x, y, z 為布林 (boolean) 變數，且 x=TRUE, y=TRUE, z=FALSE。請問下面各布林運算式的真假值依序為何？（TRUE 表真，FALSE 表假）

```
!(y || z) || x
!y || (z || !x)
z || (x && (y || z))
(x || x) && z
```

(A) TRUE FALSE TRUE FALSE

(B) FALSE FALSE TRUE FALSE

(C) FALSE TRUE TRUE FALSE

(D) TRUE TRUE FALSE TRUE

解析

```
!(y || z) || x：!(TRUE || FALSE) || TRUE = FALSE || TRUE = TRUE
!y || (z || !x)：!TRUE || (FALSE || !TRUE) = FALSE || (FALSE ||
FALSE) = FALSE
z || (x && (y || z))：FALSE || (TRUE && (TRUE || FALSE)) = FALSE
|| TRUE = TRUE
(x || x) && z：(TRUE || TRUE) && FALSE = TRUE && FALSE = FALSE
```

選項 (A) 是正確的。

答案：(A) TRUE FALSE TRUE FALSE

使用哪些概念或技巧：迴圈

出題者想要考考生的考點：迴圈

程式片段執行過程的輸出為何？

```
int i, sum, arr[10];
for (int i = 0; i < 10; i++) {
    arr[i] = i;
}
sum = 0;
for (int i = 1; i < 9; i++) {
    sum = sum - arr[i-1] + arr[i] + arr[i+1];
}
printf("%d", sum);
```

(A) 44　(B) 52　(C) 54　(D) 63

解析

逐步分析這段程式碼並計算 sum 的最終值。

首先，初始化一個陣列 arr，使其包含從 0 到 9 的值：

```
for (int i = 0; i < 10; i++) {
    arr[i] = i;
}
```

此時，arr 的內容是：

```
arr = {0, 1, 2, 3, 4, 5, 6, 7, 8, 9}
```

接下來，初始化 sum 為 0，並使用一個 for 迴圈計算 sum 的值：

```
sum = 0;
for (int i = 1; i < 9; i++) {
    sum = sum - arr[i-1] + arr[i] + arr[i+1];
}
```

我們逐步計算 sum 的值：

- 當 i = 1 時，sum = sum - arr[0] + arr[1] + arr[2]：

  sum = 0 - 0 + 1 + 2 = 3

- 當 i = 2 時，sum = sum - arr[1] + arr[2] + arr[3]：

  sum = 3 - 1 + 2 + 3 = 7

- 當 i = 3 時，sum = sum - arr[2] + arr[3] + arr[4]：

  sum = 7 - 2 + 3 + 4 = 12

- 當 i = 4 時，sum = sum - arr[3] + arr[4] + arr[5]：

  sum = 12 - 3 + 4 + 5 = 18

- 當 i = 5 時，sum = sum - arr[4] + arr[5] + arr[6]：

  sum = 18 - 4 + 5 + 6 = 25

- 當 i = 6 時，sum = sum - arr[5] + arr[6] + arr[7]：

  sum = 25 - 5 + 6 + 7 = 33

- 當 i = 7 時，sum = sum - arr[6] + arr[7] + arr[8]：

  sum = 33 - 6 + 7 + 8 = 42

- 當 i = 8 時，sum = sum - arr[7] + arr[8] + arr[9]：

  sum = 42 - 7 + 8 + 9 = 52

最終 sum 的值為 52。

答案：(B) 52

題號 46

使用哪些概念或技巧：迴路判斷、輸出技巧

出題者想要考考生的考點：迴路判斷、輸出技巧

程式片段中執行後若要印出下列圖案，(a) 的條件判斷式該如何設定？

```
******
 ****
  **
```

```
for (int i = 0; i <= 3; i++) {
    for (int j = 0; j < i; j++) {
        printf(" ");
    }
    for (int k = 6 - 2 * i; (a); k = k - 1) {
        printf("*");
    }
    printf("\n");
}
```

(A) k > 2　(B) k > 1　(C) k > 0　(D) k > -1

解析

1. 當 i = 0 時：

- 空格數量：j = 0（無空格）
- k 的初始值：6 - 2 * 0 = 6
- 需要印出 6 個 *

2. 當 i = 1 時：

- 空格數量：j = 1（一個空格）
- k 的初始值：6 - 2 * 1 = 4
- 需要印出 4 個 *

3. 當 i = 2 時：

- 空格數量：j = 2（兩個空格）
- k 的初始值：6 - 2 * 2 = 2
- 需要印出 2 個 *

4. 當 i = 3 時：

- 空格數量：j = 3（三個空格）
- k 的初始值：6 - 2 * 3 = 0
- 不需要印出 *

因此，根據以上的分析，當 k 的初始值變為 0 或以下時，不應該進行 printf("*") 操作。即 (a) 應該是 k > 0。

答案：(C) k > 0

使用哪些概念或技巧：遞迴、條件判斷

出題者想要考考生的考點：遞迴函數的理解與輸出

給定 G() 函式，執行 G(1) 後所輸出的值為何？

```
void G(int a) {
    printf("%d ", a);
    if (a >= 3)
        return;
    else
        G(a + 1);
    printf("%d ", a);
}

int main() {
```

```
    G(1);
    return 0;
}
```

(A) 1 2 3　　(B) 1 2 3 2 1

(C) 1 2 3 3 2 1　　(D) 以上皆非

解析

讓我們分析這段程式碼，以理解 G(1) 執行後的輸出。

遞迴呼叫樹

```
G(1)
  +-- 1
  +-- G(2)
        +-- 2
        +-- G(3)
              +-- 3
        +-- 2 （返回後的輸出）
  +-- 1 （返回後的輸出）
```

函式 G(int a) 的邏輯如下：

1. 首先印出 a。
2. 如果 a 大於等於 3，則返回（結束遞迴）。
3. 否則，呼叫 G(a + 1)。
4. 最後再次印出 a。

現在讓我們逐步執行 G(1)：

1. **G(1)**：
    - 印出 1
    - 因為 1 小於 3，呼叫 G(2)。

2. **G(2)**：

   - 印出 2
   - 因為 2 小於 3，呼叫 G(3)。

3. **G(3)**：

   - 印出 3
   - 因為 3 大於等於 3，返回。

回到 G(2) 的呼叫後：

- 印出 2（此時完成了 G(3) 的遞迴呼叫，回到 G(2) 的最後一行）

回到 G(1) 的呼叫後：

- 印出 1（此時完成了 G(2) 的遞迴呼叫，回到 G(1) 的最後一行）

總結輸出順序：1 2 3 2 1

答案：(B) 1 2 3 2 1

使用哪些概念或技巧：冗餘檢測

出題者想要考考生的考點：程式碼的簡化與冗餘檢測

下列程式碼是自動計算找零程式的一部分，程式碼中三個主要變數分別為 Total（購買總額），Paid（實際支付金額），Change（找零金額）。但是此程式片段有冗餘的程式碼，請找出冗餘程式碼的區塊。

```
int Total, Paid, Change;
...
Change = Paid - Total;
printf("500 : %d pieces\n", (Change - Change % 500) / 500);
Change = Change % 500;
```

```
printf("100 : %d coins\n", (Change - Change % 100) / 100);
Change = Change % 100;
// A 區
printf("50 : %d coins\n", (Change - Change % 50) / 50);
Change = Change % 50;
// B 區
printf("10 : %d coins\n", (Change - Change % 10) / 10);
Change = Change % 10;
// C 區
printf("5 : %d coins\n", (Change - Change % 5) / 5);
Change = Change % 5;
// D 區
printf("1 : %d coins\n", (Change - Change % 1) / 1);
Change = Change % 1;
```

(A) 冗餘程式碼在 A 區
(B) 冗餘程式碼在 B 區
(C) 冗餘程式碼在 C 區
(D) 冗餘程式碼在 D 區

解析

這段程式碼的目的是計算找零所需的各面額鈔票和硬幣的數量。每個面額的計算方法是相似的，即先計算可以使用的該面額的數量，然後更新找零的剩餘金額。

仔細觀察各個區塊後，可以看到 D 區 中的計算是多餘的。具體來說，這段程式碼在 D 區中是冗餘的：

```
// D 區
printf("1 : %d coins\n", (Change - Change % 1) / 1);
Change = Change % 1;
```

因為 Change % 1 永遠為 0，所以這個運算對 Change 沒有任何影響。

答案：(D) 冗餘程式碼在 D 區

使用哪些概念或技巧：函數呼叫

出題者想要考考生的考點：函數的運作

程式執行後輸出為何？

```
int G(int B) {
    B = B * B;
    return B;
}

int main() {
    int A = 0, m = 5;
    A = G(m);
    if (m < 10)
        A = G(m) + A;
    else
        A = G(m);

    printf("%d\n", A);
    return 0;
}
```

(A) 0　(B) 10　(C) 25　(D) 50

解析

1. 初始化變數 A 為 0，變數 m 為 5。
2. 呼叫 G(m)，即 G(5)，計算 5 * 5 並回傳 25，因此 A = 25。

3. 接著檢查條件 if (m < 10)，因為 m 為 5，條件為真，執行 A = G(m) + A：
   - 再次呼叫 G(m)，即 G(5)，回傳 25。
   - 計算 A = 25 + 25，因此 A 更新為 50。
4. 最後印出 A 的值，即 50。

程式執行後的輸出為 50，選項 (D) 是正確的。

答案：(A) 50

使用哪些概念或技巧：遞迴

出題者想要考考生的考點：遞迴函數的設計與運算

G() 應為一支遞迴函式，已知當 a 固定為 2，不同的變數 x 值會有不同的回傳值如下表所示。請找出 G() 函式中 (a) 處的計算式該為何？

a 值	x 值	G(a, x) 回傳值
2	0	1
2	1	6
2	2	36
2	3	216
2	4	1296
2	5	7776

```
int G(int a, int x) {
    if (x == 0)
        return 1;
    else
```

```
        return (a);
}
```

(A) ((2a)+2) * G(a, x - 1)　　(B) (a+5) * G(a-1, x - 1)

(C) ((3a)-1) * G(a, x - 1)　　(D) (a+6) * G(a, x - 1)

解析

讓我們分析已知的遞迴函數 G(a, x) 的結果：

a 值	x 值	G(a, x) 回傳值
2	0	1
2	1	6
2	2	36
2	3	216
2	4	1296
2	5	7776

觀察結果，我們可以看到遞迴的計算過程：

1. 當 x = 0 時，G(2, 0) = 1（基礎情況）。
2. 當 x = 1 時，G(2, 1) = 6。
3. 當 x = 2 時，G(2, 2) = 36。
4. 當 x = 3 時，G(2, 3) = 216。
5. 當 x = 4 時，G(2, 4) = 1296。
6. 當 x = 5 時，G(2, 5) = 7776。

我們需要找出一個公式來計算這些值。可以看到每個值都是前一個值的倍數。我們計算各個值的倍數關係：

G(2, 1) = 6 = 6 * 1

G(2, 2) = 36 = 6 * 6

G(2, 3) = 216 = 6 * 36

G(2, 4) = 1296 = 6 * 216

G(2, 5) = 7776 = 6

所以，每次遞迴時，結果是前一次結果的 6 倍。因此，我們可以推測遞迴公式應該是 (2*a + 2) * G(a, x - 1)。

現在將這個公式代入函數 G：

```
int G(int a, int x) {
    if (x == 0)
        return 1;
    else
        return (2*a + 2) * G(a, x - 1);
}
```

檢查選項：

- (A) ((2a) + 2) * G(a, x - 1)：符合觀察結果。
- (B) (a + 5) * G(a - 1, x - 1)：不符合觀察結果。
- (C) ((3a) - 1) * G(a, x - 1)：不符合觀察結果。
- (D) (a + 6) * G(a, x - 1)：不符合觀察結果。

答案：(A) (2a +2) * G(a, x - 1)

使用哪些概念或技巧：整數運算

出題者想要考考生的考點：整數運算

```
int i=2, x=3;
int N=65536;
while (i <= N) {
  i = i * i * i;
  x = x + 1;
}
printf("%d %d \n", i, x);
```

(A) 2417851639229258349412352 7　(B) 68921 43

(C) 65537 65539　(D) 134217728 6

解析

這段程式碼使用了一個 while 迴圈，變數 i 每次都會被更新為其自身的三次方。初始值為 2，然後迴圈在每次迴圈中將 x 加 1，直到 i 超過 65536 為止。

具體計算過程如下：

i = 2

i = 2^3 = 8

i = 8^3 = 512

i = 512^3 = 134217728 這時 i 已經超過 N=65536，迴圈終止。

在迴圈中 **x** 每次都加 1，所以最終 **x** 值為初始值 3 再加上 3 次變更（**i** 從 2 變成 8，512，134217728）

最後 printf 印出結果為 134217728 6。

答案：(D)

使用哪些概念或技巧：遞迴

出題者想要考考生的考點：遞迴

G() 為遞迴函式，G(3, 7) 執行後回傳值為何？

```
int G (int a, int x) {
    if (x == 0)
        return 1;
    else
        return (a * G(a, x - 1));
}
```

(A) 128　(B) 2187　(C) 6561　(D) 1024

解析

當執行 G(3, 7) 時：

- G(3, 7) = 3 * G(3, 6)
- G(3, 6) = 3 * G(3, 5)
- G(3, 5) = 3 * G(3, 4)
- G(3, 4) = 3 * G(3, 3)
- G(3, 3) = 3 * G(3, 2)
- G(3, 2) = 3 * G(3, 1)
- G(3, 1) = 3 * G(3, 0)
- G(3, 0) = 1

因此，G(3, 7) = 3 * 3 * 3 * 3 * 3 * 3 * 3 = 3^7 = 2187。

答案：**(B)** 2187

題號 53

❖ 使用哪些概念或技巧：函數遞迴、條件判斷

❖ 出題者想要考考生的考點：理解遞迴與條件判斷的交互作用

函式若以 search(1, 10, 3) 呼叫時，search 函式總共會被執行幾次？

```
void search (int x, int y, int z) {
    if (x < y) {
        int t = (x + y + 1) / 2;
        if (z >= t)
            search(t, y, z);
        else
            search(x, t - 1, z);
    }
}
```

(A) 2　(B) 3　(C) 4　(D) 5

解析

讓我們一步步分析這段程式碼，以了解函式 search(int x, int y, int z) 在 search(1, 10, 3) 呼叫時總共會被執行幾次。

函式 search 的邏輯是：

1. 如果 x < y，則計算中間值 t。
2. 根據 z 與 t 的比較，決定遞迴呼叫的方向。

我們從 search(1, 10, 3) 開始，逐步追蹤每次遞迴呼叫：

1. **第一次呼叫 search(1, 10, 3)**：
   - 計算 t = (1 + 10 + 1) / 2 = 6
   - 因為 3 < 6，呼叫 search(1, 5, 3)

2. **第二次呼叫 search(1, 5, 3)**：
   - 計算 t = (1 + 5 + 1) / 2 = 3
   - 因為 3 >= 3，呼叫 search(3, 5, 3)
3. **第三次呼叫 search(3, 5, 3)**：
   - 計算 t = (3 + 5 + 1) / 2 = 4
   - 因為 3 < 4，呼叫 search(3, 3, 3)
4. **第四次呼叫 search(3, 3, 3)**：
   - x 不小於 y，遞迴終止。

因此，函式 search 總共被呼叫了 4 次。

答案：(C) 4

使用哪些概念或技巧：例外值
出題者想要考考生的考點：例外值

給定一個 1x8 的陣列 A，A = {0, 2, 4, 6, 8, 10, 12, 14}。函式 Search(x) 真正目的是找到 A 之中大於 x 的最小值。然而，這個函式有誤。請問下列哪個函式呼叫可測出函式有誤？

```
int Search (int x) {
    int high = 7;
    int low = 0;
    while (high > low) {
        int mid = (high + low) / 2;
        if (A[mid] <= x) {
            low = mid + 1;
        } else {
            high = mid;
```

```
            }
        }
        return A[high];
}
```

(A) Search(-1)　　(B) Search(0)

(C) Search(10)　　(D) Search(16)

解析

我們需要找出這個 Search 函式是否能正確找到陣列 A 中大於 x 的最小值。

分析每個選項：

1. **Search(-1)**：
    - 對於 x = -1，應該返回 0 之中大於 -1 的最小值，即 0。執行 Search(-1) 會透過所有步驟，最後 low 會等於 high 並返回 A[0]，這是正確的。

2. **Search(0)**：
    - 對於 x = 0，應該返回 2 之中大於 0 的最小值，即 2。執行 Search(0)：
        - 初始 low = 0，high = 7。
        - 第一次迴圈：mid = 3 (A[3] = 6)，high = 3。
        - 第二次迴圈：mid = 1 (A[1] = 2)，high = 1。
        - 第三次迴圈：mid = 0 (A[0] = 0)，low = 1。
        - 此時 low 等於 high，返回 A[1]，即 2。這是正確的。

3. **Search(10)**：
    - 對於 x = 10，應該返回 12 之中大於 10 的最小值，即 12。執行 Search(10)：

- 初始 low = 0，high = 7。
- 第一次迴圈：mid = 3 (A[3] = 6)，low = 4。
- 第二次迴圈：mid = 5 (A[5] = 10)，low = 6。
- 第三次迴圈：mid = 6 (A[6] = 12)，high = 6。
- 此時 low 等於 high，返回 A[6]，即 12。這是正確的。

4. Search(16)：

- 對於 x = 16，應該返回 A 中大於 16 的最小值。但是 A 中沒有大於 16 的值，因此應該返回錯誤或一個無效值。執行 Search(16)：
  - 初始 low = 0，high = 7。
  - 第一次迴圈：mid = 3 (A[3] = 6)，low = 4。
  - 第二次迴圈：mid = 5 (A[5] = 10)，low = 6。
  - 第三次迴圈：mid = 6 (A[6] = 12)，low = 7。
  - 第四次迴圈：mid = 7 (A[7] = 14)，low = 8。
  - low 大於 high，這會導致 A[high] 返回 A[7]，即 14，但實際上應該返回錯誤或一個無效值。

因此，呼叫 Search(16) 可以測出這個函式的錯誤。

答案：(D) Search(16)

使用哪些概念或技巧：遞迴
出題者想要考考生的考點：遞迴

給定函式 A1()、A2() 與 F() 如下，以下敘述何者有誤？

```
void A1 (int n) {
    F(n/5);
    F(4*n/5);
```

```
}
void A2 (int n) {
    F(2*n/5);
    F(3*n/5);
}
void F (int x) {
    int i;
    for (i=0; i<x; i=i+1)
        printf("*");
    if (x>1) {
        F(x/2);
        F(x/2);
    }
}
```

(A) A1(5) 印的 '*' 個數比 A2(5) 多

(B) A1(13) 印的 '*' 個數比 A2(13) 多

(C) A2(14) 印的 '*' 個數比 A1(14) 多

(D) A2(15) 印的 '*' 個數比 A1(15) 多

解析

1. 函數 F(int x)：

- 如果 x > 1，則遞迴地呼叫 F(x/2) 兩次。
- 如果 x <= 1，則不再遞迴。
- 每次 F(x) 被呼叫時會印出 x 個 *。

2. 函數 A1(int n)：

- 呼叫 F(n/5) 和 F(4*n/5)。

3. 函數 A2(int n)：

- 呼叫 F(2*n/5) 和 F(3*n/5)。

具體計算

A1(5) 和 A2(5)

- A1(5)：
  - 呼叫 F(5/5) = F(1) 和 F(4*5/5) = F(4)。
  - F(1)：印 1 個 *。
  - F(4)：印 4 個 *，並呼叫 F(2) 兩次。
    - F(2)：印 2 個 *，並呼叫 F(1) 兩次。
      - F(1)：印 1 個 *。
    - 所以，F(2) 總共印 2 + 2*1 = 4 個 *。
    - F(4) 總共印 4 + 2*4 = 12 個 *。
  - A1(5) 總共印 1 + 12 = 13 個 *。
- A2(5)：
  - 呼叫 F(2*5/5) = F(2) 和 F(3*5/5) = F(3)。
  - F(2)：印 2 個 *，並呼叫 F(1) 兩次。
    - F(1)：印 1 個 *。
  - F(2) 總共印 2 + 2*1 = 4 個 *。
  - F(3)：印 3 個 *，並呼叫 F(1) 兩次。
    - F(1)：印 1 個 *。
  - F(3) 總共印 3 + 2*1 = 5 個 *。
  - A2(5) 總共印 4 + 5 = 9 個 *。

因此，A1(5) 印的 * 個數比 A2(5) 多，(A) 正確。

A1(13) 和 A2(13)

- A1(13)：
    - 呼叫 F(13/5) = F(2) 和 F(4*13/5) = F(10)。
    - F(2)：印 2 個 *，並呼叫 F(1) 兩次。
        - F(1)：印 1 個 *。
    - F(2) 總共印 2 + 2*1 = 4 個 *。
    - F(10)：印 10 個 *，並呼叫 F(5) 兩次。
        - F(5)：印 5 個 *，並呼叫 F(2) 兩次。
            - F(2)：印 2 個 *，並呼叫 F(1) 兩次。
              F(1)：印 1 個 *。
            - F(2) 總共印 4 個 *。
        - F(5) 總共印 5 + 2*4 = 13 個 *。
    - F(10) 總共印 10 + 2*13 = 36 個 *。
    - A1(13) 總共印 4 + 36 = 40 個 *。
- A2(13)：
    - 呼叫 F(2*13/5) = F(5) 和 F(3*13/5) = F(7)。
    - F(5)：印 5 個 *，並呼叫 F(2) 兩次。
        - F(2)：印 2 個 *，並呼叫 F(1) 兩次。
            - F(1)：印 1 個 *。
        - F(2) 總共印 4 個 *。
    - F(5) 總共印 5 + 2*4 = 13 個 *。
    - F(7)：印 7 個 *，並呼叫 F(3) 兩次。
        - F(3)：印 3 個 *，並呼叫 F(1) 兩次。
            - F(1)：印 1 個 *。

    - F(3) 總共印 5 個 *。
  - F(7) 總共印 7 + 2*5 = 17 個 *。
  - A2(13) 總共印 13 + 17 = 30 個 *。

因此，A1(13) 印的 * 個數比 A2(13) 多，(B) 正確。

A1(14) 和 A2(14)

- A1(14)：
  - 呼叫 F(14/5) = F(2) 和 F(4*14/5) = F(11)。
  - F(2)：印 2 個 *，並呼叫 F(1) 兩次。
    - F(1)：印 1 個 *。
  - F(2) 總共印 2 + 2*1 = 4 個 *。
  - F(11)：印 11 個 *，並呼叫 F(5) 兩次。
    - F(5)：印 5 個 *，並呼叫 F(2) 兩次。
      - F(2)：印 2 個 *，並呼叫 F(1) 兩次。
        F(1)：印 1 個 *。
      - F(2) 總共印 4 個 *。
    - F(5) 總共印 5 + 2*4 = 13 個 *。
  - F(11) 總共印 11 + 2*13 = 37 個 *。
  - A1(14) 總共印 4 + 37 = 41 個 *。
- A2(14)：
  - 呼叫 F(2*14/5) = F(5) 和 F(3*14/5) = F(8)。
  - F(5)：印 5 個 *，並呼叫 F(2) 兩次。
    - F(2)：印 2 個 *，並呼叫 F(1) 兩次。
      F(1)：印 1 個 *。

- F(2) 總共印 4 個 *。

- F(5) 總共印 5 + 2*4 = 13 個 *。
- F(8)：印 8 個 *，並呼叫 F(4) 兩次。
  - F(4)：印 4 個 *，並呼叫 F(2) 兩次。
    - F(2)：印 2 個 *，並呼叫 F(1) 兩次。
      F(1)：印 1 個 *。
    - F(2) 總共印 4 個 *。
  - F(4) 總共印 4 + 2*4 = 12 個 *。
- F(8) 總共印 8 + 2*12 = 32 個 *。
- A2(14) 總共印 13 + 32 = 45 個 *。

因此，A2(14) 印的 * 個數比 A1(14) 多，(C) 正確。

A1(15) 和 A2(15)

- A1(15)：
  - 呼叫 F(15/5) = F(3) 和 F(4*15/5) = F(12)。
  - F(3)：印 3 個 *，並呼叫 F(1) 兩次。
    - F(1)：印 1 個 *。
  - F(3) 總共印 3 + 2*1 = 5 個 *。
  - F(12)：印 12 個 *，並呼叫 F(6) 兩次。
    - F(6)：印 6 個 *，並呼叫 F(3) 兩次。
      - F(3)：印 3 個 *，並呼叫 F(1) 兩次。
        F(1)：印 1 個 *。
      - F(3) 總共印 5 個 *。
    - F(6) 總共印 6 + 2*5 = 16 個 *。
  - F(12) 總共印 12 + 2*16 = 44 個 *。

    - A1(15) 總共印 5 + 44 = 49 個 *。

- A2(15)：
    - 呼叫 F(2*15/5) = F(6) 和 F(3*15/5) = F(9)。
    - F(6)：印 6 個 *，並呼叫 F(3) 兩次。
        - F(3)：印 3 個 *，並呼叫 F(1) 兩次。
            - F(1)：印 1 個 *。
        - F(3) 總共印 5 個 *。
    - F(6) 總共印 6 + 2*5 = 16 個 *。
    - F(9)：印 9 個 *，並呼叫 F(4) 兩次。
        - F(4)：印 4 個 *，並呼叫 F(2) 兩次。
            - F(2)：印 2 個 *，並呼叫 F(1) 兩次。
              F(1)：印 1 個 *。
            - F(2) 總共印 4 個 *。
        - F(4) 總共印 12 個 *。
    - F(9) 總共印 9 + 2*12 = 33 個 *。
    - A2(15) 總共印 16 + 33 = 49 個 *。

由於 A1(15) 和 A2(15) 印的 * 個數相同，所以 (D) 錯誤。

答案：(D)

使用哪些概念或技巧：遞迴

出題者想要考考生的考點：遞迴

```
int F (int n) {
    if (n < 4)
          return n;
    else
          return ________?________;
}
```

函式 F(14) 的回傳值為 40。

(A) n * F(n - 1)　　(B) n + F(n - 3)

(C) n - F(n - 2)　　(D) F(3n+1)

解析

我們需要找到一個遞迴關係式，滿足 F(14) 的值為 40。

我們可以嘗試選項 B 來檢查：

F(14) = 14 + F(11)

F(11) = 11 + F(8)

F(8) = 8 + F(5)

F(5) = 5 + F(2)

F(2) = 2（因為 2 < 4，所以直接回傳 2）

計算過程：

F(5) = 5 + 2 = 7

F(8) = 8 + 7 = 15

F(11) = 11 + 15 = 26

F(14) = 14 + 26 = 40

答案：(B) n + F(n - 3)

使用哪些概念或技巧：歐幾里得算法

出題者想要考考生的考點：歐幾里得算法

函式兩個回傳式分別該如何撰寫，才能正確計算並回傳兩參數 a, b 之最大公因數（Greatest Common Divisor）？

```
int GCD (int a, int b) {
    int r;
    r = a % b;
    if (r == 0)
        return __________;
    return _____________;
}
```

(A) a, GCD(b, r)

(B) b, GCD(b, r)

(C) a, GCD(a, r)

(D) b, GCD(a, r)

解析

要正確計算並回傳兩個參數 a 和 b 的最大公因數（Greatest Common Divisor, GCD），我們需要使用歐幾里得算法。歐幾里得算法的基本概念是，兩個數 a 和 b 的 GCD 等於 b 和 a % b 的 GCD，直到 a % b 等於 0。

函式的基本結構如下：

```
int GCD(int a, int b) {
    int r;
    r = a % b;
```

```
    if (r == 0)
        return b; // 當 r 為 0 時，b 即為 GCD
    return GCD(b, r); // 否則，遞迴計算 GCD(b, r)
}
```

因此，對應的選項應該是：

- 當 r == 0 時，返回 b。
- 否則，返回 GCD(b, r)。

答案：(B) b, GCD(b, r)

使用哪些概念或技巧：判斷

出題者想要考考生的考點：判斷

若 A 是一個可儲存 n 筆整數的陣列，且資料儲存於 A[0]~A[n-1]。經過程式碼運算後，以下何者敘述不一定正確？

```
int A[n] = { … };
int p = q = A[0];
for (int i = 1; i < n; i = i + 1) {
    if (A[i] > p)
        p = A[i];
    if (A[i] < q)
        q = A[i];
}
```

(A) p 是 A 陣列資料中的最大值

(B) q 是 A 陣列資料中的最小值

(C) q < p

(D) A[0] <= p

解析

因為 q 和 p 的初值都是 A[0]，並且若 A 陣列中所有元素都相等，則 q 和 p 的值會相同，因此選項 (C) 不一定正確。

答案：(C) q < p

使用哪些概念或技巧：變數的初始化和重置、正確的累加運算、變數的作用域

出題者想要考考生的考點：理解變數在每次迴圈開始時需要重新初始化

題目要求是計算一個 MxN 的整數陣列 A 的每一列的總和，程式碼如下：

```
void main () {
    int rowsum = 0;
    for (int i=0; i<M; i=i+1) {
        for (int j=0; j<N; j=j+1) {
            rowsum = rowsum + A[i][j];
        }
        printf("The sum of row %d is %d.\n", i, rowsum);
    }
}
```

(A) 第一列總和是正確，但其他列總和不一定正確

(B) 程式片段在執行時會產生錯誤（run-time error）

(C) 程式片段中有語法上的錯誤

(D) 程式片段會完成執行並正確印出每一列的總和

解析

rowsum 是在每次計算一列的總和時累加該列的所有元素，但是並沒有在每一列開始前重置為 0，這樣會導致從第二列開始，每一列的總和都包含了前

面所有列的總和。因此，第一列的總和是正確的，但其他列的總和會累加前面列的總和。

答案：(A) 第一列總和是正確，但其他列總和不一定正確

使用哪些概念或技巧：遞迴

出題者想要考考生的考點：遞迴

若以 B(5,2) 呼叫 B() 函式，總共會印出幾次 "base case"？

```
int B (int n, int k) {
    if (k == 0 || k == n) {
        printf("base case\n");
        return 1;
    }
    return B(n-1, k-1) + B(n-1, k);
}
```

(A) 1　(B) 5　(C) 10　(D) 19

解析

B(n, k) 函式會在 k == 0 或 k == n 時印出 "base case" 並返回 1。否則，它會遞迴地呼叫 B(n-1, k-1) 和 B(n-1, k)。

現在我們以 B(5,2) 為例，畫出其遞迴呼叫樹：

```
B(5,2)
├── B(4,1)
│   ├── B(3,0) [base case]
│   └── B(3,1)
│       ├── B(2,0) [base case]
│       └── B(2,1)
│           ├── B(1,0) [base case]
```

```
|                 └─── B(1,1) [base case]
└─── B(4,2)
     ├─── B(3,1)
     |     ├─── B(2,0) [base case]
     |     └─── B(2,1)
     |          ├─── B(1,0) [base case]
     |          └─── B(1,1) [base case]
     └─── B(3,2)
          ├─── B(2,1)
          |     ├─── B(1,0) [base case]
          |     └─── B(1,1) [base case]
          └─── B(2,2) [base case]
```

這個圖會畫，觀念題實力應該就 4 級以上了。

現在我們來計算 "base case" 被印出的次數：總共是 10 次 "base case"。

答案：(C) 10

使用哪些概念或技巧：全域變數、區域變數

出題者想要考考生的考點：全域變數、區域變數

給定程式，其中 s 有被宣告為全域變數，請問程式執行後輸出為何？

```
int s = 1; // 全域變數

void add (int a) {
    int s = 6;
    for( ; a >= 0; a = a - 1) {
        printf("%d,", s);
        s++;
        printf("%d,", s);
    }
}
```

```
int main () {
    printf("%d,", s);
    add(s);
    printf("%d,", s);
    s = 9;
    printf("%d", s);
    return 0;
}
```

(A) 1,6,7,7,8,8,9

(B) 1,6,7,7,8,1,9

(C) 1,6,7,8,9,9,9

(D) 1,6,7,7,8,9,9

解析

main() 函式中的 s 是全域變數，因此初始輸出 1。 add(s) 中的 s 是區域變數，所以在 for 迴圈中輸出 6,7,7,8。再次輸出全域變數 s 的值為 1，最後將全域變數 s 設為 9，輸出 9。

答案：(B)

使用哪些概念或技巧：陣列、索引

出題者想要考考生的考點：陣列、索引

F() 函式執行時，若輸入依序為整數 0, 1, 2, 3, 4, 5, 6, 7, 8, 9，請問 X[] 陣列的元素值依順序為何？

```
void F () {
    int X[10] = {0};
    for (int i = 0; i < 10; i = i + 1) {
        scanf("%d", &X[(i + 2) % 10]);
    }
}
```

(A) 0, 1, 2, 3, 4, 5, 6, 7, 8, 9
(B) 2, 0, 2, 0, 2, 0, 2, 0, 2, 0
(C) 9, 0, 1, 2, 3, 4, 5, 6, 7, 8
(D) 8, 9, 0, 1, 2, 3, 4, 5, 6, 7

解析

這段程式碼的主要部分是：

1. 宣告一個大小為 10 的陣列 X，並初始化所有元素為 0。
2. 使用 for 迴圈從 0 到 9 遍歷，讀取輸入並存入 X[(i + 2) % 10]。

一步一步地看每個迴圈迭代時 X[] 的變化：

1. 當 i = 0 時，X[(0 + 2) % 10] 對應 X[2]，輸入 0，X[2] = 0。
2. 當 i = 1 時，X[(1 + 2) % 10] 對應 X[3]，輸入 1，X[3] = 1。
3. 當 i = 2 時，X[(2 + 2) % 10] 對應 X[4]，輸入 2，X[4] = 2。
4. 當 i = 3 時，X[(3 + 2) % 10] 對應 X[5]，輸入 3，X[5] = 3。
5. 當 i = 4 時，X[(4 + 2) % 10] 對應 X[6]，輸入 4，X[6] = 4。
6. 當 i = 5 時，X[(5 + 2) % 10] 對應 X[7]，輸入 5，X[7] = 5。
7. 當 i = 6 時，X[(6 + 2) % 10] 對應 X[8]，輸入 6，X[8] = 6。
8. 當 i = 7 時，X[(7 + 2) % 10] 對應 X[9]，輸入 7，X[9] = 7。
9. 當 i = 8 時，X[(8 + 2) % 10] 對應 X[0]，輸入 8，X[0] = 8。
10. 當 i = 9 時，X[(9 + 2) % 10] 對應 X[1]，輸入 9，X[1] = 9。

最終，陣列 X 的內容為：

- X[0] = 8
- X[1] = 9
- X[2] = 0
- X[3] = 1

- X[4] = 2
- X[5] = 3
- X[6] = 4
- X[7] = 5
- X[8] = 6
- X[9] = 7

答案：(D) 8, 9, 0, 1, 2, 3, 4, 5, 6, 7

使用哪些概念或技巧：遞迴
出題者想要考考生的考點：遞迴

若以 G(100) 呼叫函式後，n 的值為何？

```
void K (int b) {
    n = n + 1;
    if (b % 4)
        K(b + 1);
}

void G (int m) {
    for (int i = 0; i < m; i = i + 1) {
        K(i);
    }
}
```

(A) 25　(B) 75　(C) 150　(D) 250

解析

函式 K 會遞迴地呼叫自己，只要 b % 4 不等於 0，並且每次呼叫會將 n 增加 1。函式 G 則會對從 0 到 m-1 的每個數值呼叫函式 K。

我們可以逐步分析：

1. **當 i = 0 時，K(0) 被呼叫**：
   - b = 0
   - 0 % 4 為 0，遞迴結束，n 增加 1 次。
2. **當 i = 1 時，K(1) 被呼叫**：
   - b = 1
   - 1 % 4 不為 0，遞迴到 K(2)，n 增加 1 次。
   - b = 2
   - 2 % 4 不為 0，遞迴到 K(3)，n 增加 1 次。
   - b = 3
   - 3 % 4 不為 0，遞迴到 K(4)，n 增加 1 次。
   - b = 4
   - 4 % 4 為 0，遞迴結束，n 共增加 4 次。
3. **當 i = 2 時，K(2) 被呼叫**：
   - b = 2
   - 2 % 4 不為 0，遞迴到 K(3)，n 增加 1 次。
   - b = 3
   - 3 % 4 不為 0，遞迴到 K(4)，n 增加 1 次。
   - b = 4
   - 4 % 4 為 0，遞迴結束，n 共增加 3 次。

4. **當 i = 3 時，K(3) 被呼叫：**
   - b = 3
   - 3 % 4 不為 0，遞迴到 K(4)，n 增加 1 次。
   - b = 4
   - 4 % 4 為 0，遞迴結束，n 共增加 2 次。
5. **當 i = 4 時，K(4) 被呼叫：**
   - b = 4
   - 4 % 4 為 0，遞迴結束，n 增加 1 次。
6. **重複這個模式，對於每個 i，我們可以總結出規律：**

   每次 i 遞增時，會產生一個新的遞迴層次，每個 i 對應的遞迴層次數目等於 4 - (i % 4)。

我們可以計算總次數：

- 當 i = 0，n 增加 1 次。
- 當 i = 1，n 增加 4 次。
- 當 i = 2，n 增加 3 次。
- 當 i = 3，n 增加 2 次。
- 當 i = 4，n 增加 1 次。

這個模式每 4 次重複一次，因此總計是：n=100/4×(1+2+3+4)=25×10=250

答案：(D) 250

題號 64

使用哪些概念或技巧：陣列操作、交換
出題者想要考考生的考點：陣列操作、交換

若 A[1]、A[2]，和 A[3] 分別為陣列 A[] 的三個元素（element），下列哪個程式片段可以將 A[1] 和 A[2] 的內容交換？

(A) A[1] = A[2]; A[2] = A[1];
(B) A[3] = A[1]; A[1] = A[2]; A[2] = A[3];
(C) A[2] = A[1]; A[3] = A[2]; A[1] = A[3];
(D) 以上皆可

解析

要交換 A[1] 和 A[2] 的內容，需要使用暫存變數。正確的交換應該是 (B)。

答案：(B)

題號 65

使用哪些概念或技巧：亂數應用
出題者想要考考生的考點：亂數應用

若函式 rand() 的回傳值為一介於 0 和 10000 之間的亂數，下列哪個運算式可產生介於 100 和 1000 之間的任意數（包含 100 和 1000）？

(A) rand() % 900 + 100
(B) rand() % 1000 + 1
(C) rand() % 899 + 101
(D) rand() % 901 + 100

解析

運算式 rand() % 901 產生 0 至 900 之間的亂數，然後加 100 即可得到 100 至 1000 之間的亂數。

答案：(D)

題號 66

◈ **使用哪些概念或技巧：迴路、邊界值**

◈ **出題者想要考考生的考點：迴路、邊界值**

程式片段無法正確列印 20 次的 "Hi!"，請問下列哪一個修正方式仍無法正確列印 20 次的 "Hi!"？

```
for (int i = 0; i <= 100; i = i + 5) {
    printf ("%s\n", "Hi!");
}
```

(A) 需要將 i <= 100 和 i = i + 5 分別修正為 i < 20 和 i = i + 1

(B) 需要將 i = 0 修正為 i = 5

(C) 需要將 i <= 100 修正為 i < 100

(D) 需要將 i = 0 和 i <= 100 分別修正為 i = 5 和 i < 100

解析

將 i = 0 修正為 i = 5 , i<100 仍無法正確列印 20 次的 "Hi!"。

答案：(D)

◈ **使用哪些概念或技巧：遞迴**

◈ **出題者想要考考生的考點：遞迴、執行次數**

若以 F(15) 呼叫 F() 函式，總共會印出幾行數字？

```
void F (int n) {
    printf ("%d\n" , n);
    if ((n % 2 == 1) && (n > 1)){
        return F(5 * n + 1);
    }
    else {
```

```
        if (n % 2 == 0)
            return F(n / 2);
    }
}
```

(A) 16 行　(B) 22 行　(C) 11 行　(D) 15 行

解析

這段程式碼的邏輯如下：

1. 印出 n。
2. 如果 n 是奇數且大於 1，則遞迴呼叫 F(5 * n + 1)。
3. 否則，如果 n 是偶數，則遞迴呼叫 F(n / 2)。

過程印出：

15, 76, 38, 19, 96, 48, 24, 12, 6, 3, 16, 8, 4, 2, 1 各佔一行

答案：(D)

使用哪些概念或技巧：迴路、判斷

出題者想要考考生的考點：迴路、判斷

給定函式 F()，執行 F() 時哪一行程式碼可能永遠不會被執行到？

```
void F (int a) {
    while (a < 10)
        a = a + 5;
    if (a < 12)
        a = a + 2;
    if (a <= 11)
```

```
        a = 5;
}
```

(A) a = a + 5;　　(B) a = a + 2;

(C) a = 5;　　(D) 每一行都執行得到

解析

1. **while (a < 10)**：
   - 當 a 小於 10 時，每次迴圈將 a 增加 5，直到 a 不再小於 10 為止。
2. **if (a < 12)**：
   - 當 a 小於 12 時，將 a 增加 2。
3. **if (a <= 11)**：
   - 當 a 小於或等於 11 時，將 a 設為 5。

詳細分析

- 當 a 初始值為 0 至 9 時：
  - while (a < 10) 會執行一次或多次，直到 a 大於等於 10。
  - 如果 a 在增加後變成 10 或 11，則 if (a < 12) 會執行，並將 a 增加 2。
  - 在 a 增加後，若 a 等於 12，則不會進入最後一個 if 判斷。
  - 但如果 a 小於等於 11，則 if (a <= 11) 會執行。
- 當 a 初始值為 10 或 11 時：
  - while (a < 10) 不會執行。
  - if (a < 12) 會執行，並將 a 增加 2。
  - if (a <= 11) 不會執行，因為 a 已經大於 11。

- 當 a 初始值為 12 或以上時：
    - while (a < 10) 不會執行。
    - if (a < 12) 不會執行。
    - if (a <= 11) 不會執行。

結論

if (a <= 11) 這一行程式碼在 a 初始值為 10 或以上的情況下，永遠不會被執行到。

答案：(C) a = 5;

使用哪些概念或技巧：條件判斷

出題者想要考考生的考點：條件判斷

給定函式 F()，已知 F(7) 回傳值為 17，且 F(8) 回傳值為 25，請問 if 的條件判斷式應為何？

```
int F (int a) {
    if ( _____?_____ )
        return a * 2 + 3;
    else
        return a * 3 + 1;
}
```

(A) a % 2 != 1　　(B) a * 2 > 16

(C) a + 3 < 12　　(D) a * a < 50

解析

我們可以利用已知條件 F(7) 回傳值為 17 和 F(8) 回傳值為 25 來推導 if 的條件判斷式。

- 當 a = 7 時，F(7) 回傳 17
    - 若假設 a * a < 50，則 7 * 7 = 49 < 50，因此應該回傳 7 * 2 + 3 = 17，符合題意。
- 當 a = 8 時，F(8) 回傳 25
    - 若假設 a * a < 50，則 8 * 8 = 64 不 < 50，因此應該回傳 8 * 3 + 1 = 25，符合題意。

答案：(D) a * a < 50

使用哪些概念或技巧：巢狀迴路

出題者想要考考生的考點：巢狀迴路

給定函式 F()，F() 執行完所回傳的 x 值為何？

```
int F (int n) {
    int x = 0;
    for (int i = 1; i <= n; i = i + 1)
        for (int j = i; j <= n; j = j + 1)
            for (int k = 1; k <= n; k = k * 2)
                x = x + 1;
    return x;
}
```

(A) $n(n+1)\sqrt{\lfloor \log_2 n \rfloor}$　　(B) $n^2(n+1)/2$

(C) $n(n+1)\lfloor \log_2 n + 1 \rfloor/2$　　(D) $n(n+1)/2$

解析

這段程式碼有三個巢狀迴圈：

1. 最外層的 for 迴圈從 1 到 n，總共執行 n 次。

2. 中間的 for 迴圈從 i 到 n，當 i 為 1 時，執行 n 次；當 i 為 2 時，執行 n-1 次；依此類推，總共執行次數為：

$$\sum_{i=1}^{n}(n-i+1)=\frac{n(n+1)}{2}$$

3. 最內層的 for 迴圈從 1 到 n，但 k 每次增加為原來的兩倍。這表示 k 迴圈執行的次數為

$$\lfloor \log_2 n \rfloor + 1$$

綜合這三個迴圈，計算總執行次數：

$$x=\left(\frac{n(n+1)}{2}\right)\times\left(\lfloor \log_2 n \rfloor+1\right)$$

答案：(C) n(n+1)⌊$\log_2$ n + 1⌋/2

使用哪些概念或技巧：巢狀迴路

出題者想要考考生的考點：巢狀迴路

程式執行完畢後所輸出值為何？

```
int main() {
    int x = 0, n = 5;
    for (int i = 1; i <= n; i = i + 1)
        for (int j = 1; j <= n; j = j + 1) {
            if ((i + j) == 2)
                x = x + 2;
            if ((i + j) == 3)
                x = x + 3;
            if ((i + j) == 4)
                x = x + 4;
        }
```

```
    printf ("%d\n", x);
    return 0;
}
```

(A) 12 (B) 24 (C) 16 (D) 20

解析

使用雙重巢狀迴圈來遍歷變數 i 和 j 的所有可能組合，並根據 i + j 的值來更新變數 x。

我們逐步分析每個條件下的變化：

1. **當 i + j == 2 時**：
   - 當 i = 1，j = 1：x = x + 2
   - 此時 x = 2
2. **當 i + j == 3 時**：
   - 當 i = 1，j = 2：x = x + 3
   - 當 i = 2，j = 1：x = x + 3
   - 此時 x = 2 + 3 + 3 = 8
3. **當 i + j == 4 時**：
   - 當 i = 1，j = 3：x = x + 4
   - 當 i = 2，j = 2：x = x + 4
   - 當 i = 3，j = 1：x = x + 4
   - 此時 x = 8 + 4 + 4 + 4 = 20

所以，程式執行完畢後 x 的最終值是 20。

答案：(D) 20

使用哪些概念或技巧：多選一條件、迴路
出題者想要考考生的考點：多選一條件、迴路

程式擬找出陣列 A[] 中的最大值和最小值。不過，這段程式碼有誤，請問 A[] 初始值如何設定就可以測出程式有誤？

```
int main () {
    int M = -1, N = 101, s = 3;
    int A[] = ______?______;

    for (int i = 0; i < s; i = i + 1) {
        if (A[i] > M) {
            M = A[i];
        }
        else if (A[i] < N) {
            N = A[i];
        }
    }
    printf("M = %d, N = %d\n", M, N);
    return 0;
}
```

(A) {90, 80, 100}　　(B) {80, 90, 100}
(C) {100, 90, 80}　　(D) {90, 100, 80}

解析

程式的目的是找出陣列 A[] 中的最大值 M 和最小值 N，但它的條件判斷有誤：

- 如果 A[i] 大於 M，則更新 M 的值
- 否則如果 A[i] 小於 N，則更新 N 的值

這段程式碼的錯誤在於「否則如果」的條件判斷導致不會檢查 M 和 N 同時更新的情況。如果 A[i] 不大於 M，也不小於 N，就會錯過更新 N 的機會。為了測試這個錯誤，我們需要一組數據，使得在某次迴圈中，某個數既不大於 M 也不小於 N。

分析選項

- (A) {90, 80, 100}
  - 第一次迴圈：A[0] = 90, M = 90, N 不變
  - 第二次迴圈：A[1] = 80, M 不變 , N = 80
  - 第三次迴圈：A[2] = 100, M = 100, N 不變
  - 結果：M = 100, N = 80（正確）
- (B) {80, 90, 100}
  - 第一次迴圈：A[0] = 80, M = 80, N 不變
  - 第二次迴圈：A[1] = 90, M = 90, N 不變
  - 第三次迴圈：A[2] = 100, M = 100, N 不變
  - 結果：M = 100, N = 101（錯誤）
- (C) {100, 90, 80}
  - 第一次迴圈：A[0] = 100, M = 100, N 不變
  - 第二次迴圈：A[1] = 90, M 不變 , N = 90
  - 第三次迴圈：A[2] = 80, M 不變 , N = 80
  - 結果：M = 100, N = 80（正確）
- (D) {90, 100, 80}
  - 第一次迴圈：A[0] = 90, M = 90, N 不變
  - 第二次迴圈：A[1] = 100, M = 100, N 不變

- 第三次迴圈：A[2] = 80, M 不變 , N = 80
- 結果：M = 100, N = 80（正確）

只有選項 (B) {80, 90, 100} 會導致程式錯誤，因為第二次迴圈沒有更新 N 的值，導致最小值 N 保持初始值 101。

答案：(B) {80, 90, 100}

使用哪些概念或技巧：函數多次呼叫

出題者想要考考生的考點：函數多次呼叫

小藍寫了一段複雜的程式碼想考考你是否了解函式的執行流程。請回答程式最後輸出的數值為何？

```
int g1 = 30, g2 = 20;

int f1(int v) {
    int g1 = 10;
    return g1 + v;
}

int f2(int v) {
    int c = g2;
    v = v + c + g1;
    g1 = 10;
    c = 40;
    return v;
}

int main() {
    g2 = 0;
    g2 = f1(g2);
    printf("%d", f2(f2(g2)));
```

```
        return 0;
    }
```

(A) 70　(B) 80　(C) 100　(D) 190

解析

1. 全域變數 g1 初始化為 30，g2 初始化為 20。
2. main 函式開始執行，將 g2 設為 0。
3. 呼叫 f1(g2)，即 f1(0)：
    - 在 f1 函式中，區域變數 g1 設為 10。
    - return g1 + v，即 return 10 + 0，結果是 10。
4. g2 設為 f1(g2) 的回傳值，即 g2 = 10。
5. 呼叫 f2(f2(g2))，即 f2(f2(10))。
6. 首先計算 f2(10)：
    - 區域變數 c 設為 g2，即 c = 10。
    - v = v + c + g1，即 v = 10 + 10 + 30，結果是 50。
    - 區域變數 g1 設為 10，區域變數 c 設為 40。
    - return v，結果是 50。
7. 接著計算 f2(50)：
    - 區域變數 c 設為 g2，即 c = 10。
    - v = v + c + g1，即 v = 50 + 10 + 10（注意：這裡區域變數 g1 應該是 10，而不是 30），結果是 70。
    - 區域變數 g1 設為 10，區域變數 c 設為 40。
    - return v，結果是 70。

答案：(A) 70

◈ 使用哪些概念或技巧：遞迴
◈ 出題者想要考考生的考點：遞迴

若以 F(5,2) 呼叫 F() 函式，執行完畢後回傳值為何？

```
int F (int x,int y) {
    if (x < 1)
        return 1;
    else
        return F(x - y, y) + F(x - 2 * y, y);
}
```

(A) 1　(B) 3　(C) 5　(D) 8

解析

追蹤呼叫 F(5, 2) 的每一步：

遞迴呼叫樹如下：

```
F(5, 2)
  +-- F(3, 2)
  |    +-- F(1, 2)
  |    |    +-- F(-1, 2) = 1
  |    |    +-- F(-3, 2) = 1
  |    +-- F(-1, 2) = 1
  +-- F(1, 2)
       +-- F(-1, 2) = 1
       +-- F(-3, 2) = 1
```

1. **呼叫 F(5, 2)**：
    - x = 5，y = 2，5 >= 1，返回 F(5 - 2, 2) + F(5 - 2 * 2, 2)，即 F(3, 2) + F(1, 2)。

2. **計算 F(3, 2)**：
   - x = 3，y = 2，3 >= 1，返回 F(3 - 2, 2) + F(3 - 2 * 2, 2)，即 F(1, 2) + F(-1, 2)。

3. **計算 F(1, 2)**：
   - x = 1，y = 2，1 >= 1，返回 F(1 - 2, 2) + F(1 - 2 * 2, 2)，即 F(-1, 2) + F(-3, 2)。

4. **計算 F(-1, 2)**：
   - x = -1，y = 2，-1 < 1，返回 1。

5. **計算 F(-3, 2)**：
   - x = -3，y = 2，-3 < 1，返回 1。

F(1, 2) = F(-1, 2) + F(-3, 2) = 1 + 1 = 2。

現在回到 F(3, 2)：

- F(3, 2) = F(1, 2) + F(-1, 2) = 2 + 1 = 3。

回到 F(5, 2)：

- F(5, 2) = F(3, 2) + F(1, 2) = 3 + 2 = 5。

因此，呼叫 F(5, 2) 的結果是 5。

答案：(C) 5

- 使用哪些概念或技巧：邏輯運算
- 出題者想要考考生的考點：邏輯運算

若要邏輯判斷式 !(X1 || X2) 計算結果為真 (True)，則 X1 與 X2 的值分別應為何？

(A) X1 為 False，X2 為 False　(B) X1 為 True，X2 為 True
(C) X1 為 True，X2 為 False　(D) X1 為 False，X2 為 True

解析

我們需要理解這個邏輯判斷式 !(X1 || X2) 的運作方式。

邏輯運算符 || 表示邏輯「或」（OR）。它的規則如下：

- 如果任一個操作數（X1 或 X2）為真 (True)，則結果為真 (True)。
- 如果兩個操作數都為假 (False)，則結果為假 (False)。

邏輯運算符 ! 表示邏輯「非」（NOT）。它的規則如下：

- 如果操作數為真 (True)，則結果為假 (False)。
- 如果操作數為假 (False)，則結果為真 (True)。

現在我們看看 !(X1 || X2)：

- 當 X1 或 X2 中任一為真 (True)，則 X1 || X2 為真 (True)，其非 (NOT) 結果為假 (False)。
- 當 X1 和 X2 都為假 (False)，則 X1 || X2 為假 (False)，其非 (NOT) 結果為真 (True)。

因此，要使 !(X1 || X2) 為真 (True)，X1 和 X2 必須都為假 (False)。

答案：(A) X1 為 False，X2 為 False

CHAPTER

3

如何輕鬆實作題考 3 級分

要在 APCS（Advanced Placement Computer Science）實作題中輕鬆考到 3 級分，以下是一些建議和策略：

基礎準備

- **熟悉程式設計語言**
  - 掌握至少一種程式設計語言，如 C++、Java 或 Python。熟悉語言的基本語法和常用庫。
- **了解基本資料結構和演算法**
  - 熟悉陣列、鏈結串列、堆疊、佇列、樹、圖等資料結構。
  - 掌握常見的演算法如排序（泡沫排序、插入排序、快速排序等）、搜尋（線性搜尋、二分搜尋等）和遞迴。

練習題型

- **多做練習題**
  - 練習歷屆 APCS 實作題和各類程式設計題。確保能夠解決基本的程式設計問題。
  - 在練習中總結常見題型和解題方法，形成自己的解題模板。
- **模擬考試**
  - 在模擬考試環境中進行定時練習，培養應試時的節奏感和壓力處理能力。

解題策略

- **分析問題**
  - 在解題前，仔細閱讀題目，理解題意。畫圖或寫下思路，理清解題步驟。

- 將複雜問題拆解為簡單步驟，逐步解決每一步。

- **從簡單開始**
  - 先解決題目中最簡單的部分，確保基本功能正確。
  - 然後逐步添加更多的功能和優化解法。

- **測試與除錯**
  - 進行多次測試，檢查程式的邊界條件和特殊情況。
  - 使用除錯工具或插入輸出語句來定位和修正錯誤。

寫程式技巧

- **編寫清晰的程式碼**
  - 編寫結構清晰、注釋明確的程式碼，便於理解和維護。
  - 使用有意義的變數名和函數名，增強程式的可讀性。

- **注意效能**
  - 在確保正確性的基礎上，考慮程式的效能，避免不必要的計算和重複操作。

應試技巧

- **時間管理**
  - 考試時合理分配時間，先解決簡單的題目，再解決複雜的題目。
  - 保持冷靜，避免因一兩道難題影響整體考試狀態。

- **檢查與提交**
  - 在提交前，仔細檢查程式碼，確保沒有語法錯誤和邏輯錯誤。
  - 確保程式能夠處理各種邊界情況和特殊情況。

學習資源

- **線上資源**
  - 線上程式設計學習平台如 zerojudge、LeetCode 等，進行各種題型的練習。

透過系統的學習和練習，掌握基本概念和解題技巧，再加上合理的應試策略，相信可以在 APCS 實作題中取得不錯的成績。祝你考試順利，輕鬆取得實作 3 級分以上好成績！

3.1 程式設計學 Python 語言的好處

Python 是一門易學、功能強大的高階程式設計語言，廣泛應用於多種領域。學習 Python 不僅能夠提升程式設計能力，還能在實際應用中發揮重要作用。以下是學習 Python 語言的幾個主要好處：

1. **易學易用**
   - 語法簡潔：Python 語法簡單明瞭，類似於自然語言，使得初學者能夠快速上手。
   - 動態類型：Python 使用動態類型，無須顯式宣告變數型別，減少了寫程式時的繁瑣步驟。
2. **廣泛應用**
   - Web 開發：如 Django、Flask 等框架使得 Web 開發變得快速而高效。
   - 資料科學：Python 在資料分析、數據圖形化、機器學習等領域有廣泛應用（如 Pandas、NumPy、Matplotlib、Scikit-learn）。
   - 自動化：Python 可以用於編寫腳本，自動化各種重複性任務，提升工作效率。

- 人工智慧與深度學習：TensorFlow、Keras、PyTorch 等框架在人工智慧和深度學習中廣泛使用。

3. **豐富的標準庫和第三方程式庫**

- 標準庫：Python 提供了豐富的標準程式庫，涵蓋了網絡、網頁解析、文件 I/O、數學運算等多種功能，幫助開發者輕鬆完成各種任務。
- 第三方庫：Python 擁有龐大的第三方程式庫生態系統，幾乎可以找到各種應用的解決方案，大大提高了開發效率。

4. **跨平台**

- 多平台支持：Python 可以在多種操作系統（如 Windows、macOS、Linux）上運行，開發者無須考慮平台差異。

5. **社群支持與資源豐富**

- 活躍社群：Python 擁有龐大而活躍的社群，開發者可以輕鬆找到問題的解決方案，參加各種線上討論和社群活動。
- 豐富的學習資源：有大量的書籍、線上課程、教材和視頻可供學習，初學者和進階者都能找到適合自己的資源。

6. **適合教學**

- 教學語言：Python 的簡單語法和強大功能使其成為許多大學和學校的首選教學語言，有助於快速掌握程式設計概念和技能。
- 交互式環境：如 Google colab, Jupyter Notebook 可以用於交互式教學和實驗，方便理解和實踐所學內容。

7. **開發效率高**

- 快速開發：Python 的高層次語法和豐富的程式庫支援，使得開發者能夠更快地實現功能，縮短開發週期。

- 簡化的調試：Python 提供了強大的除錯工具和易於理解的錯誤提示，讓開發者能夠迅速定位和修復問題。

學習 Python 語言有助於提升程式設計能力，並在多個領域發揮重要作用。它不僅適合初學者快速入門，還能滿足進階開發者的需求。Python 的簡潔語法、豐富庫支持和廣泛應用，使其成為現代程式設計的重要工具。

3.2 Python 語言快速入門

利用 Python 語法簡例，快速來了解這個程式語言。

單行註解

```
# 2024-07-15 王小美 修訂
```

多行註解

```
"""
日期：2024-07-15
程式設計：王小美 .
部門：研發處 .
"""
```

變數

```
# 宣告變數
x = 5
y = "Hello, world!"
```

資料型別

```
# 數字：
x = 5              # int
```

```python
y = 3.14          # float
z = 1j            # complex
```

字串

```python
x = "Hello, world!"
y = 'Python'
```

清單

```python
x = ["apple", "banana", "cherry"]
```

元組

```python
x = ("apple", "banana", "cherry")
```

集合

```python
x = {"apple", "banana", "cherry"}
```

字典

```python
x = {"name": "John", "age": 36}
```

運算符

```python
# 算術運算符：
x = 5
y = 2
```

```python
print(x + y)     # 7
print(x - y)     # 3
print(x * y)     # 10
print(x / y)     # 2.5
print(x % y)     # 1
print(x ** y)    # 25
print(x // y)    # 2
```

比較運算符

```
x = 5
y = 2

print(x == y)    # False
print(x != y)    # True
print(x > y)     # True
print(x < y)     # False
print(x >= y)    # True
print(x <= y)    # False
```

邏輯運算符

```
x = True
y = False

print(x and y)  # False
print(x or y)   # True
print(not x)    # False
```

條件語句

```
x = 5

if x > 10:
    print("x is greater than 10")
elif x > 5:
    print("x is greater than 5 but less than or equal to 10")
else:
    print("x is less than or equal to 5")
```

迴圈

```python
# for 迴圈：
fruits = ["apple", "banana", "cherry"]

for fruit in fruits:
    print(fruit)

# while 迴圈：
i = 0

while i < 5:
    print(i)
    i += 1
```

函式

```python
def greet(name):
    print("Hello, " + name + "!")

greet("John")
```

引用模組

```python
import math
print(math.pi)
```

錯誤處理

```python
try:
    x = 5 / 0
except ZeroDivisionError:
    print("Cannot divide by zero")
```

3.3 10 個 Python 執行階段錯誤訊息與原因

了解「10 個 Python 執行階段錯誤訊息與原因」可幫助學習者，快速定位和解決程式中的常見錯誤。

錯誤類型	錯誤訊息	原因
NameError	name 'x' is not defined	嘗試使用未定義的變數
TypeError	can only concatenate str (not "int") to str	嘗試將不同類型的變數相加
ZeroDivisionError	division by zero	嘗試將一個數除以零
IndexError	list index out of range	嘗試使用不存在的串列元素
KeyError	'key'	嘗試使用不存在的字典鍵
AttributeError	'str' object has no attribute 'append'	嘗試在不支持 append() 方法的字串上使用此方法
ValueError	invalid literal for int() with base 10: 'abc'	嘗試將無法轉換為整數的字串轉換為整數
SyntaxError	invalid syntax	程式碼中有語法錯誤
ImportError	No module named 'module_name'	嘗試導入不存在的模組
IndentationError	unexpected indent	程式碼縮排不正確

每個錯誤訊息附帶原因說明，可以指引程式設計學習者，理解錯誤發生的背景和修正方法。不僅提高了除錯效率，還能幫助學習者深入理解 Python 的運行機制，避免重複犯錯。

3.4 使用 Python Help 文件

Python 有非常詳細的 Help 文件，讓使用者可以在撰寫程式時查詢每個模組、函數或方法的使用方式和參數等詳細資訊。

查詢模組使用方法

要查詢某個模組的使用方法，可以在 Python 交互式介面輸入 help(模組名稱)，例如：

```
>>> import math
>>> help(math)
```

查詢函數參數和回傳值

要查詢函數的使用方式和參數，可以在 Python 交互式介面輸入 help(函數名稱)，例如：

```
>>> help(abs)
```

查詢方法使用方式

要查詢某個物件的方法使用方式，可以在 Python 交互式介面輸入 help(物件 . 方法)，例如：

```
>>> s = "Hello World"
>>> help(s.split)
```

查詢模組、函數或方法的原始碼

要查詢某個模組、函數或方法的原始碼，可以在 Python 交互式介面輸入 help(物件)，例如：

```
>>> import math
>>> help(math.sin)
```

查詢內建函數和模組

要查詢 Python 內建的函數和模組，可以在 Python 交互式介面輸入 help()，例如：

```
>>> help()
```

Python Help 文件提供了非常詳細的說明和參考資訊，幫助使用者了解 Python 語言的各個方面，並協助使用者進行程式開發和維護。使用者可以透過上述的幾個例子來查詢和使用 Python Help 文件，並進一步掌握 Python 語言的各種功能和特性。

3.5 Python 的字串應用

Python 的字串操作功能強大且易用，提供了豐富的方法來處理各種字串操作需求。無論是基本的字串操作還是複雜的文字處理，Python 都能夠輕鬆應對。

字串運算子

運算子	描述	範例	結果
+	串接兩個字串	"Hello" + " " + "World"	"Hello World"
*	將一個字串重複指定次數	"Hello" * 3	"HelloHelloHello"
In	判斷一個字串是否包含在另一個字串	"lo" in "Hello"	TRUE
not in	判斷一個字串是否不包含在另一個字串	"lo" not in "Hello"	FALSE
[]	透過索引訪問字串中的單個字符	"Hello"[0]、"Hello"[2]	"H"、"l"

運算子	描述	範例	結果
[:]	選取整個字串	"Hello World"[:]	"Hello World"
[n:]	從第 n 個字符到結尾的所有字符	"Hello World"[6:]	"World"
[:n]	從開始到第 n 個字符之前的所有字符	"Hello World"[:5]	"Hello"
[m:n]	從第 m 個字符到第 n 個字符之前的所有字符	"Hello World"[6:11]	"World"
[::]	選取整個字串，增量為 1	"Hello World"[::]	"Hello World"
[::n]	選取整個字串，增量為 n	"Hello World"[::2]	"HloWrd"
[m:n:p]	從第 m 個字符到第 n 個字符之前的所有字符，增量為 p	"Hello World"[::2]	"HloWrd"
len()	返回字串的長度	len("Hello World")	11
str()	將其他資料類型轉換為字串	str(123)	"123"
ord()	返回字符的 ASCII 碼值	ord("H")	72
chr()	返回 ASCII 碼值對應的字符	chr(72)	"H"

註：Python 沒有內建的 XOR 運算子，但可以透過 ^ 運算子來實現 XOR 運算，即 a ^ b 表示當 a 和 b 有一個為 True 時返回 True，否則返回 False。

3.6 List、Set、Dict 等好用資料型態熟悉

Python 中的 List、Set 和 Dict 等資料型態各有其特點和應用場景。掌握這些資料型態的使用方法和常見操作，能夠大幅提升程式設計的效率和靈活性。在實際應用中，根據需求選擇合適的資料型態進行資料處理，將事半功倍。

串列（Lists）

在 Python 中，List 是一種資料結構，它是有序的集合，允許儲存不同型態的元素，例如整數、浮點數、字串、元組等。List 是可變的物件，這意味著您可以添加、刪除和修改其中的元素。

- 顏色清單：colors = ['red', 'green', 'blue', 'yellow', 'purple']
- 交通工具清單：vehicles = ['car', 'bus', 'train', 'bike', 'boat']

範例：建立 List：可以使用中括號 [] 或 list() 函數來建立 List。

```
a = [1, 2, 3]
```

範例：訪問 List 元素：可以使用索引來訪問 List 中的元素。

a[0] 表示列出 List a 中的第一個元素。

範例：更新 List 元素：可以使用索引來更新 List 中的元素。

a[0] = 4 表示將 List a 中的第一個元素更新為 4。

範例：刪除 List 元素：可以使用 del 關鍵字刪除 List 中的元素。

del a[0] 表示刪除 List a 中的第一個元素。

範例：添加 List 元素：可以使用 append() 方法向 List 中添加元素。

a.append(4) 表示向 List a 中添加值為 4 的元素。

範例：插入 List 元素：可以使用 insert() 方法在 List 中插入元素。

a.insert(1, 5) 表示在 List a 的第二個位置插入值為 5 的元素。

範例：切片 List：可以使用切片來選擇 List 中的一部分。

a[1:3] 表示選擇 List a 中的第二個到第四個元素。

範例：追蹤 List：可以使用 for 循環來追蹤 List 中的所有元素。

```
for i in a:
    print(i)
```

list 物件方法 (method) 整理

方法	說明
list.append(x)	將新的項加到 list 的尾端
list.extend(iterable)	將另 list 接到 list 的尾端
list.insert(i, x)	將項目插入至 list 中給定的位置。第一個引數為插入處前元素的索引值
list.remove(x)	刪除 list 中第一個值等於 x 的元素。
list.pop([i])	移除 list 中給定位置的項目，並回傳它。
list.clear()	刪除 list 中所有項目。
list.index(x[, start[, end]])	回傳 list 中第一個等於 x 的項目之索引值（從零開始的索引）。若 list 中無此項目，則丟出 ValueError 錯誤。
list.count(x)list.sort(*, key=None, reverse=False)	回傳 x 在 list 中所出現的次數。將 list 中的項目排序。（可使用引數來進行客製化的排序，請參考 sorted() 部分的解釋）
list.reverse()	將 list 中的項目前後順序反過來。
list.copy()	回傳淺複製 (shallow copy) 的 list。

元組 (Tuples)

Python 的 tuple（元組）是一種不可變的序列資料類型，類似於 list（串列），但元組在定義後就不能被修改。和 list 一樣，tuple 內的元素可以是不同的資料類型，如整數、浮點數、字串、布林值等等，它們可以使用索引來訪問。tuple 可以透過括號來建立，也可以省略括號。例如：

範例：包含不同種類水果的元組

```
fruits = ("apple", "banana", "orange")
```

範例：包含不同數字的元組

```
numbers = (1, 2, 3, 4, 5)
```

範例：包含不同類型資料的元組

```
data = ("John Doe", 30, True, ["apple", "banana"])
```

元組允許嵌套，即在一個元組內部可以再包含另一個元組。元組還支持一些常用的內建函數，如 len()、max()、min() 等。元組的不可變性使得它們更安全，更適合用於不需要修改內容的資料。由於元組的訪問速度比 list 更快，因此在不需要修改資料的情況下，元組也更加有效率。

集合（Sets）

Python 中的 set（集合）是一個無序且不重複的集合數據結構，用於存儲可哈希（hashable）對象的集合。可以將 set 看作是字典（dictionary）的鍵（key）的集合，但是 set 中不存儲值（value），只存儲鍵（key）。

set 具有以下特點：

1. **無序**：集合中的元素沒有特定的順序，因此無法透過索引訪問集合中的元素。
2. **不重複**：集合中不允許有重複的元素。
3. **可變**：可以向集合中添加或刪除元素。
4. **可迴路追蹤**：可以用迴路列出集合中的所有元素。

set 支援以下操作：

add()	添加一個元素。
remove()	刪除一個元素，如果元素不存在則引發 KeyError 異常。
discard()	刪除一個元素，如果元素不存在則不會引發異常。
pop()	隨機刪除一個元素，如果集合為空則引發 KeyError 異常。
clear()	刪除所有元素。
union()	返回兩個集合的聯集。
intersection()	返回兩個集合的交集。
difference()	返回兩個集合的差集。
symmetric_difference()	返回兩個集合的對稱差集。
issubset()	檢查一個集合是否是另一個集合的子集。
issuperset()	檢查一個集合是否是另一個集合的超集。

由於 set 是一個數據結構，因此可以使用 for 循環列出集合中的所有元素，也可以使用 in 關鍵字檢查集合中是否包含某個元素。

範例：建立空集合

```
empty_set = set()
print(empty_set)  # set()
```

範例：建立包含多個項目的集合

```
fruits = {"apple", "banana", "orange", "pear"}
print(fruits)  # {'orange', 'banana', 'pear', 'apple'}
```

範例：將串列轉換為集合

```
numbers = [1, 2, 3, 4, 5, 6, 7, 8, 9, 10]
number_set = set(numbers)
print(number_set)  # {1, 2, 3, 4, 5, 6, 7, 8, 9, 10}
```

集合是無序的，所以印出來的項目排列不一定與建立時相同。第三個範例則建立了數字串列，然後將其轉換為集合，這可以透過 set() 函數實現。

範例：次數統計

```
a = [1,2,3,5,6,8,9,1,5,9,1,1,5]
# print(a)
b = set(a)   # 使 b 內含元素，不重覆
# print(b)

for i in b:
    print(i,':',a.count(i))
```

執行結果

```
# 1 : 4
# 2 : 1
# 3 : 1
# 5 : 3
# 6 : 1
# 8 : 1
# 9 : 2
```

a.count(i) 算出 a 串列中有幾個 i 參數所代表的元素。

範例：賈柏斯在史丹佛的演講詞約 2,200 個字，但用的單字量是多少？

```
a = '''
演講詞 2,200 個字貼這裡
'''
b = [i for i in a.split() if i>='A' and i <='z']
c = set(b)
for i in b:
    print(i,':',b.count(i))
print('賈柏斯總共用了 ',len(c),' 個單字 ')
```

執行結果

```
# current : 1
# renaissance. : 1
# And : 17
# ...
# you : 25
# all : 16
# very : 8
# much. : 1
# 賈柏斯總共用了 832 個單字
```

說明

- 用 b = [i for i in a.split() if i>='A' and i <='z']，取出打散後的每一個單字。

字典（Dictionaries）

Python 中的字典（dictionary）是一個無序的鍵值對（key-value pair）集合，其中每個鍵（key）都與一個值（value）相關聯。字典使用大括號 {} 來建立，每個鍵值對之間使用逗號分隔。

字典跟串列有點類似，但串列的每個項目，由電腦自動編號，而字典的鍵（key）名稱，卻可以自由命名，可以很清楚知道變數代表的意義。

範例：簡單的字典範例

```
my_dict = {"apple": 2, "banana": 3, "orange": 4}
```

範例：以水果名稱為鍵，對應該水果的顏色和價格的字典

```
fruits = {
    'apple': {'color': 'red', 'price': 1.20},
    'banana': {'color': 'yellow', 'price': 0.60},
    'orange': {'color': 'orange', 'price': 1.00}
}
```

範例：以學生姓名為鍵，對應該學生的學號和出生日期的字典

```
students = {
    'John Smith': {'student_id': 'A123456', 'birthday': '1999-05-12'},
    'Emily Chen': {'student_id': 'B234567', 'birthday': '2000-01-01'},
    'David Lee': {'student_id': 'C345678', 'birthday': '1998-10-05'}
}
```

1. 這些字典都是使用大括號 {} 宣告，並且使用冒號：分隔鍵和值。在每個字典中，每個鍵都必須是唯一的，並且可以儲存不同型別的值，包括數字、字串、串列等等。
2. 可以使用 len() 函數來獲取字典中的鍵值對數量，也可以使用 in 運算符來檢查字典中是否存在某個鍵。
3. 字典是可變的，因此可以添加、刪除和修改鍵值對。可以使用 del 關鍵字刪除字典中的鍵值對，例如：del my_dict["apple"]
4. 可以使用 update() 方法將一個字典合併到另一個字典中，或者使用 copy() 方法建立一個字典的副本。

Python 的字典非常重要，常用來管理相關的數據，例如配置文件、資料庫和 API 呼叫等。

範例：使用字典（Dictionaries）處理字數統計

```
# 宣告一個包含多行文字的字串 s
s = '''
Tomorrow will be better lyric
When you wake up in the morning
when you haven't started to think
There is a whole brand new day
...
keep striving for your dream
'''

```

宣告一個空字典 freq，用來統計各單字出現次數

```
freq = {}
```

將字串 s 以空格切割成多個單字，使用 for 迴圈追蹤這些單字

將每個單字轉成小寫，作為字典的 key，如果該單字已存在字典中，則其 value 加 1，否則 value 初始化為 1

```
for word in s.split():
    freq[word.lower()] = freq.get(word.lower(), 0) + 1
```

宣告一個空串列 t，用來存放每個單字出現次數及其單字本身

```
t = []
for k,v in freq.items():
    # 將每個 (key,value) 對打包成一個串列，並添加到串列 t 中
    t.append([v,k])
```

計算總字數，並輸出結果

```
sum_all = sum(freq.values())
print('共：',sum_all,'字')
```

對串列 t 進行排序，按照出現次數從小到大排序

```
t.sort()
```

反轉排序結果，讓串列中的元素按出現次數從大到小排列

```
t.reverse()
```

宣告計數器 c 和變數 sum10，用來計算前 10 個出現頻率最高的單字出現的總次數

```
c = 1
sum10 = 0
for i in t:
    # 逐一列出前 10 個出現頻率最高的單字及其出現次數
    print(i[1],'\t:',i[0])
    # 將出現次數加總到變數 sum10 中
```

```
        sum10 = sum10 + i[0]
        # 每列出一個單字就將計數器 c 加 1，如果 c 超過 10，就跳出 for 迴圈
        c+=1
        if c>10 :
            break
```

計算前 10 個出現頻率最高的單字出現的總次數，以及佔總字數比率，並輸出結果

```
rate = sum10/sum_all*100
rate = int(rate*10+0.5)/10
print('前 10 個頻率最高字：',sum10,'字')
print('前 10 個頻率最高字，佔所有字比率：',rate,'%')
```

執行結果

```
# 共： 176 字
# you      : 9
# the      : 7
# your     : 6
# to       : 6
# is       : 5
# in       : 5
# when     : 4
# can      : 4
# be       : 4
# know     : 3
# 前 10 個頻率最高字： 53 字
# 前 10 個頻率最高字，佔所有字比率： 30.1 %
```

3.7 列表推導式（list comprehension）

列表推導式是一種簡潔且強大的構造，可以快速建立新的列表，並透過對現有列表中的元素應用一些操作和條件，將其轉換為新列表中的元素。使用列表推導式可以使程式碼更簡潔、易讀和易於維護。

列表推導式的基本語法是在一對方括號中包含一個表示式，該表示式描述了如何轉換現有列表中的元素。表示式後面可以跟著一個可選的條件，以過濾不符合條件的元素。

範例：將數字串列中的每個元素加倍

```
numbers = [1, 2, 3, 4, 5]
doubled_numbers = [num * 2 for num in numbers]
print(doubled_numbers) # Output: [2, 4, 6, 8, 10]
```

範例：從字串串列中選擇長度大於 5 的單字

```
words = ['apple', 'banana', 'pear', 'watermelon', 'orange']
long_words = [word for word in words if len(word) > 5]
print(long_words) # Output: ['banana', 'watermelon', 'orange']
```

範例：建立一個由範圍 1 到 10 中的偶數組成的串列

```
even_numbers = [num for num in range(1, 11) if num % 2 == 0]
print(even_numbers) # Output: [2, 4, 6, 8, 10]
```

範例：產生一個由字母字串的每個字母的大寫和小寫版本組成的串列

```
string = 'Hello, World!'
letters = [char.upper() + char.lower() for char in string if char.isalpha()]
print(letters) # Output: ['Hh', 'Ee', 'Ll', 'Ll', 'Oo', 'Ww', 'Oo', 'Rr', 'Ll', 'Dd']
```

範例：從串列中選擇大於平均值的數字

```
numbers = [1, 5, 8, 10, 15, 20]
average = sum(numbers) / len(numbers)
above_average = [num for num in numbers if num > average]
print(above_average) # Output: [10, 15, 20]
```

範例：建立一個由 5 個隨機整數組成的串列

```
import random
random_numbers = [random.randint(1, 10) for _ in range(5)]
print(random_numbers) # Output: [5, 1, 7, 2, 8]
```

範例：從串列中選擇所有奇數元素的索引

```
numbers = [3, 8, 2, 9, 4, 1]
odd_indices = [i for i in range(len(numbers)) if numbers[i] % 2 != 0]
print(odd_indices) # Output: [0, 3, 5]
```

範例：建立一個由單字字串的每個字母組成的集合

```
words = ['apple', 'banana', 'pear']
letters = {char for word in words for char in word}
print(letters) # Output: {'r', 'p', 'l', 'a', 'n', 'e', 'b'}
```

範例：將二維串列成一維串列

```
matrix = [[1, 2, 3], [4, 5, 6], [7, 8, 9]]
flat_matrix = [num for row in matrix for num in row]
print(flat_matrix) # Output: [1, 2, 3, 4, 5, 6, 7, 8, 9]
```

範例：建立一個由字典鍵和值交換的新字典

```
my_dict = {'a': 1, 'b': 2, 'c': 3}
new_dict = {value: key for key, value in my_dict.items()}
print(new_dict) # Output: {1: 'a', 2: 'b', 3: 'c'}
```

範例：取得一個字典中所有值不為 None 的值

```
valid_values = [value for value in my_dict.values() if value is not None]
```

範例：求質因數

質因數是指一個正整數的因數中，只有 1 和自身的因數。

需要先找出該正整數的所有因數。使用 range 函數來生成 1 到該正整數的所有自然數，然後使用串列式來篩選出該正整數的所有因數。程式碼如下：

```
def factors(n):
    factors = [i for i in range(1, n+1) if n % i == 0]
    return factors  # 傳回所有因數
```

```
n = 60  # 要找出 60 的質因數
prime_factors = [i for i in range(1,n+1) if n%i==0 and len(factors(i))==2 ]  # 找出 n 的所有質因數
print(prime_factors)  # 印出所有質因數
```

範例：列表式 (list comprehension) 求質數

```
prime_numbers = [num for num in range(2, n) if all(num % i != 0 for i in range(2, int(num**0.5)+1))]
```

1. 在這個串列式中，使用 range 函數建立一個從 2 到 n-1 的數字範圍。
2. 用 if 語句來篩選出質數。
3. all 函數的作用是檢查一個串列中的所有元素是否都為 True，如果是，則返回 True，否則返回 False。這裡使用 all 函數來檢查每個數字是否都沒有除了 1 和它本身以外的其他因數。
4. 為了檢查一個數字是否有其他因數，使用了一個 for 循環來追蹤 2 到該數字平方根之間的數字，並使用取餘運算符（ % ）來檢查是否有其他因數。
5. 將找到的所有質數存儲在一個名為 prime_numbers 的串列中。

3.8 輸出的技巧

在 Python 中，您可以使用 print() 函数輸出資料、變數和表示式。

範例：輸出簡單的文字

```
print("Hello, World!")
```

輸出結果

```
Hello, World!
```

範例：輸出變數的值

```
name = "Mary"
age = 25
print("我的名字是", name, "，我今年", age, "歲。")
```

輸出結果

```
我的名字是 Mary，我今年 25 歲。
```

在上面範例中，print() 函数的每個變數都將被印出，並且預設情況下用空格分隔。您還可以透過將 sep 變數設置為字串來更改分隔符。例如，如果您想使用逗號分隔輸出：

```
name = "Mary"
age = 25
print("我的名字是", name, "，我今年", age, "歲。", sep=", ")
```

輸出結果

```
我的名字是, Mary,，我今年, 25, 歲。
```

可以在 print() 函数中使用表示式來輸出結果。例如：

```
x = 10
y = 5
print("數字", x, "和", y, "的和是", x + y)
```

輸出結果

```
數字 10 和 5 的和是 15
```

在上面範例中，表示式 x + y 的結果將被計算並與其他變數一起輸出。

空白去除法

前面例子輸出結果：

```
我的名字是 Mary，我今年 25 歲。
```

如何去除 25 前後空白而成為

我的名字是 Mary，我今年 25 歲。

```
name = "Mary"
age = 25
print("我的名字是" + name + "，我今年" + str(age) + "歲。")
```

把 "," 改用 "+"，但 age 要用 str(age) 轉成字串。

f-string 輸出

f-string 是 Python 3.6 之後版本支援的字符串格式化方式，可以更方便地將變數值嵌入到字符串中，也可以減少拼接字串的錯誤。

使用 f-string 的方法很簡單，只需要在字串前加上字母 f，然後在花括號 {} 中放入想要插入的變數即可。例如：

範例：將變數嵌入到字符串中

```
name = "John"
age = 30
```

```
print(f"My name is {name} and I am {age} years old.")
# Output: "My name is John and I am 30 years old."
```

範例：對齊輸出，靠左對齊

```
name = "John"
age = 30
print(f"My name is {name:<10} and I am {age} years old.")
# Output: "My name is John       and I am 30 years old."
```

範例：對齊輸出，靠右對齊

```
name = "John"
age = 30
print(f"My name is {name:>10} and I am {age} years old.")
# Output: "My name is       John and I am 30 years old."
```

範例：對齊輸出，中間對齊

```
name = "John"
age = 30
print(f"My name is {name:^10} and I am {age} years old.")
# Output: "My name is    John    and I am 30 years old."
```

範例：控制小數點位數，保留兩位小數

```
x = 3.14159
print(f"Pi is approximately {x:.2f}")
# Output: "Pi is approximately 3.14"
```

範例：控制小數點位數，保留零位小數

```
x = 3.14159
print(f"Pi is approximately {x:.0f}")
# Output: "Pi is approximately 3"
```

範例：控制小數點位數，不足位數補零

```
x = 3.14159
print(f"Pi is approximately {x:06.2f}")
# Output: "Pi is approximately 003.14"
```

範例：使用字典傳遞變數值，靠左對齊

```
person = {"name": "John", "age": 30}
print(f"My name is {person['name']:<10} and I am {person['age']} years old.")
# Output: "My name is John       and I am 30 years old."
```

範例：使用三元運算子控制輸出內容

```
x = 10
print(f"The value of x is {'even' if x % 2 == 0 else 'odd'}.")
# Output: "The value of x is even."
```

範例：使用逗號千位分隔符號，靠右對齊

```
x = 1234567
print(f"The value of x is {x:>10,}.")
# Output: "The value of x is 1,234,567."
```

範例：使用逗號千位分隔符號，中間對齊

```
x = 1234567
print(f"The value of x is {x:^10,}.")
# Output: "The value of x is 1,234,567."
```

範例：將整數轉換為二進位表示，靠右對齊。

```
x = 10
print(f"The binary representation of x is {x:>08b}.")
# Output: "The binary representation of x is 00001010."
```

範例：將浮點數轉換為百分比表示，保留兩位小數，靠左對齊。

```
x = 0.75
print(f"The value of x as a percentage is {x*100:<8.2f}%.")
# Output: "The value of x as a percentage is 75.00   %."
```

不用 f-string 輸出

在 Python 中，您可以使用字串格式化操作符 % 或字串的 format() 方法来格式化字串，而不必使用 f-strings。

範例：使用 % 操作符

```
name = "Mary"
age = 25
print("我的名字是 %s，我今年 %d 歲。" % (name, age))
```

輸出結果

我的名字是 Mary，我今年 25 歲。

範例：使用 format() 方法

```
name = "Mary"
age = 25
print("我的名字是 {}，我今年 {} 歲。".format(name, age))
```

輸出結果

我的名字是 Mary，我今年 25 歲。

上例中，%s 和 {} 都是占位符，它們將在執行時被變數的值替換。

使用 % 操作符時，必須使用括號將變數作為元組傳遞。

使用 format() 方法時，可以將變數作為變數傳遞給方法，也可以在占位符中使用索引來指定變數的順序。

CHAPTER

4

基本資料結構、演算法

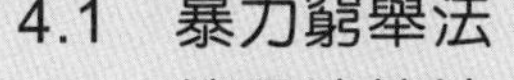

4.1 暴力窮舉法
4.2 搜尋演算法
4.3 排序演算法
4.4 堆疊資料結構
4.5 佇列資料結構
4.6 遞迴（Python 版）

掌握這些基本資料結構和演算法，能夠有效地應對 APCS 考試中的大部分題目。建議在學習過程中，不僅要理解每種資料結構和演算法的基本概念和操作，還要透過大量練習來鞏固這些知識，提升實際解題能力。

4.1 暴力窮舉法

暴力窮舉法

暴力窮舉法可以用來解決許多數學問題，其中著名的問題是「完全數」問題。

完全數是指正整數等於它的因子之和，例如 6 = 1 + 2 + 3 就是完全數。

範例：完全數

下面是使用暴力窮舉法來找出所有小於某個數的完全數的 Python 程式碼：

```
n = 1000   # 您可以根據需要更改這個數值
perfect_numbers = []
for i in range(1, n):
    factors = []
    for j in range(1, i):
        if i % j == 0:
            factors.append(j)
    if sum(factors) == i:
        perfect_numbers.append(i)

print(perfect_numbers)
```

執行結果

```
[6, 28, 496]
```

這些是 1000 以內的完美數：6、28 和 496。

這個函數接收整數 n，然後透過兩個迴路的循環來暴力窮舉所有小於 n 的正整數。對於每個正整數 i，我們再使用迴路來找出它的因子。如果因子的和等於 i，則將 i 加入完全數串列中。

當輸入的數字非常大時，效率會非常差。在這種情況下，可以使用其他更有效的方法來優化演算法，例如使用質因數分解或者試除法等技術。

範例：柏林邏輯思考題目

- # 據說是 1981 年柏林的某學院的邏輯思考題目。
- ## 有五間房屋排成一列所有的房屋外表顏色都不一樣。
- # 所有的屋主都來自不同國家、所有的屋主都養不同的寵物、喝不同的飲料、抽不同牌的香煙。
- # 英國人住在紅色房屋裡、瑞典人養了一隻狗、丹麥人喝茶。
- # 綠色的房子在白色房子的左邊、綠色房屋的屋主喝咖啡、抽 Pall Mall 香煙的屋主養鳥、黃色屋主抽 Dunhill。
- # 位於最中間的屋主喝牛奶，挪威人住在第一間房屋裡，抽 Blend 的人住在養貓人家的隔壁、養馬的屋主隔壁住抽 Dunhill 的人家。
- # 抽 Blue Master 的屋主他喝啤酒，德國人他抽 Prince。
- # 挪威人住在藍色房子隔壁、只喝開水的人家住在抽 Blend 的隔壁。
- # 請問誰養斑馬？

第一版程式

```
houses = ["紅", "綠", "白", "黃", "藍"]
pets = ["狗", "鳥", "貓", "馬", "斑馬"]
drinks = ["茶", "咖啡", "啤酒", "牛奶", "開水"]
cigarettes = ["Pall", "Blend", "Dunhill", "Blue", "Prince"]
countries = ["英國", "德國", "挪威", "瑞典", "丹麥"]
c = 0

```

```
for house in houses:
    for pet in pets:
        for drink in drinks:
            for cigarette in cigarettes:
                for country in countries:
                    c += 1
                    print(c, ":" + country + '人，住' + house + '色房子，養' + pet + '，喝' + drink +'，'+ '抽' + cigarette + '煙')
```

第一版結果

…

…

3123 ：挪威人，住藍色房子，養斑馬，喝開水，抽 Prince 煙

3124 ：瑞典人，住藍色房子，養斑馬，喝開水，抽 Prince 煙

3125 ：丹麥人，住藍色房子，養斑馬，喝開水，抽 Prince 煙

我們窮舉所有可能狀況，共 3125 種。

第二版程式

```
for house in houses:
    for pet in pets:
        for drink in drinks:
            for cigarette in cigarettes:
                for country in countries:
                    if pet != "斑馬":
                        break
                    c += 1
                    print(c, ":" + country + '人，住' + house + '色房子，養' + pet + '，喝' + drink +'，'+ '抽' + cigarette + '煙')
```

第二版結果

...

...

623 ：挪威人，住藍色房子，養斑馬，喝開水，抽 Prince 煙

624 ：瑞典人，住藍色房子，養斑馬，喝開水，抽 Prince 煙

625 ：丹麥人，住藍色房子，養斑馬，喝開水，抽 Prince 煙

我們窮舉所有可能狀況，但只留養斑馬的，共 625 種。

第三版程式

```
houses = ["紅", "綠", "白", "黃", "藍"]
pets = ["狗", "鳥", "貓", "馬", "斑馬"]
drinks = ["茶", "咖啡", "啤酒", "牛奶", "開水"]
cigarettes = ["Pall", "Blend", "Dunhill", "Blue", "Prince"]
countries = ["英國", "德國", "挪威", "瑞典", "丹麥"]
c = 0

for house in houses:
    for pet in pets:
        for drink in drinks:
            for cigarette in cigarettes:
                for country in countries:
                    if pet != "斑馬":
                        break
                    if (house != "紅" and country == "英") or (house == "紅" and country != "英"):
                        break
                    if (pet != "狗" and country == "瑞") or (pet == "狗" and country != "瑞"):
                        break
                    if (drink != "茶" and country == "丹") or (drink == "茶" and country != "丹"):
                        break
                    c += 1
                    print(c, ":" + country + '人，住' + house + '色房子，養' + pet + '，喝' + drink +'，'+ '抽' + cigarette + '煙')
```

第三版結果

...

...

398 ：挪威人，住藍色房子，養斑馬，喝開水，抽 Prince 煙

399 ：瑞典人，住藍色房子，養斑馬，喝開水，抽 Prince 煙

400 ：丹麥人，住藍色房子，養斑馬，喝開水，抽 Prince 煙

我們窮舉所有可能狀況，但再加入前 3 個條件去掉不符合部分，剩 400 種。

第四版程式

```
countrys = ['丹麥','英國','瑞典','德國','挪威']
animals = ['狗','斑馬','貓','鳥','魚']
drinks = ['茶','啤酒','咖啡','牛奶','水']
houses = ['紅','黃','白','綠','藍']
smokes = ['Prince','Blue Master','Blend','Dunhill','Pall Mall']

a = []
count = 0
for country in countrys:
    for animal in animals:
        for drink in drinks:
            for house in houses:
                for smoke in smokes:
                    # 請問誰養斑馬？
                    if animal != '斑馬':continue
                    # 1 英國人住在紅色房屋裡
                    if country == '英國' and house != '紅':continue
                    if country != '英國' and house == '紅':continue
                    # 2 瑞典人養了一隻狗
                    if country == '瑞典' and animal != '狗':continue
                    if country != '瑞典' and animal == '狗':continue
                    # 3 丹麥人喝茶
                    if country == '丹麥' and drink != '茶':continue
                    if country != '丹麥' and drink == '茶':continue
                    # 4 綠色的房子在白色房子的左邊
```

```
                    if house == '綠' and (houses.index('白') - houses.index("綠")) != 1:continue
                    if house == '白' and (houses.index('白') - houses.index("綠")) != 1:continue
                    # 5 綠色房屋的屋主喝咖啡
                    if house == '綠' and drink != '咖啡':continue
                    if house != '綠' and drink == '咖啡':continue
                    # 6  抽 Pall Mall 香煙的屋主養鳥
                    if animal == '鳥' and smoke != 'Pall Mall':continue
                    if animal != '鳥' and smoke == 'Pall Mall':continue
                    # 7 黃色屋主抽 Dunhill
                    if house == '黃' and smoke != 'Dunhill':continue
                    if house != '黃' and smoke == 'Dunhill':continue
                    # 8 位於最中間的屋主喝牛奶
                    if drink == '牛奶' and drinks.index(drink) != 2:continue
                    # 9 挪威人住在第一間房屋裡
                    if house=='挪威' and houses.index('挪威') !=0:continue
                    # 10 抽 Blend 的人住在養貓人家的隔壁
                    if smoke == 'Blend' and abs(animals.index(animal) - animals.index("貓")) != 1:continue
                    # 12  抽 Blue Master 的屋主他喝啤酒
                    if drink != '啤酒' and smoke == 'blue master':continue
                    if drink == '啤酒' and smoke != 'blue master':continue
                    # 13 德國人他抽 Prince
                    if country == '德國' and smoke != 'prince':continue
                    if country != '德國' and smoke == 'prince':continue
                    # 14 挪威人住在藍色房子隔壁
                    if country == '挪威' and abs(houses.index(house) - houses.index("藍")) != 1:continue
```

```
                if animal == '斑馬' and abs(smokes.index(smoke) - smokes.index("Dunhill")) != 1:continue
                # 15 只喝開水的人家住在抽 Blend 的隔壁
                if drink == '水' and abs(smokes.index(smoke) - smokes.index("Blend")) != 1:continue

                # 11 養斑馬的屋主隔壁住抽 Dunhill 的人家 -- 無法符合
                # if animal == '斑馬' and abs(smokes.index(smoke)-smokes.index('Dunhill'))!=-1:continue

                count +=1
                t =str(count)+': ' + country+'人，養' + animal +'，喝'+ drink+'，住'+ house+'色房子，'+'抽'+ smoke+'煙'
                a.append(t)
for i in a:
    print(i)
```

執行結果

```
# 1: 丹麥人，養斑馬，喝茶，住藍色房子，抽 Blend 煙
# 2: 英國人，養斑馬，喝啤酒，住紅色房子，抽 Blend 煙
```

但：若把條件 #11 註解拿掉，我們窮舉所有可能狀況，加入所有條件，剩 0 筆資料，所以並沒有狀況符合所有條件。

說明

1. if country == '挪威' and abs(houses.index(house) - houses.index("藍")) != 1:continue 處理挪威人住在藍色房子隔壁，否則跳離迴圈。
2. if drink == '水' and abs(smokes.index(smoke) - smokes.index("Blend")) != 1:continue 處理只喝開水的人家，住在抽 Blend 的隔壁，否則跳離迴圈。

4.2 搜尋演算法

循序搜尋

循序搜尋（Sequential Search），也稱為線性搜尋（Linear Search），是一種簡單直觀的搜索演算法。它通常用於尋找元素是否在串列中出現，並且不需要對串列進行排序。

循序搜尋演算法的基本想法是從串列的第一個元素開始，依次將每個元素與目標元素進行比較，直到找到目標元素或搜索完整個串列為止。如果目標元素存在於串列中，則返回它的索引位置；否則返回 -1。

下面是使用 Python 語言實作循序搜尋的例子：

```
arr = [2, 4, 6, 8, 10]  # 您可以根據需要更改這個數組
target = 8  # 您可以根據需要更改這個目標值
index = -1

for i in range(len(arr)):
    if arr[i] == target:
        index = i
        break

print(index)
```

這段程式碼會在 arr 列表中搜尋 target，並返回目標值的索引，如果沒有找到目標值，則返回 -1。上述範例的執行結果會是：3

串列很長時，循序搜尋的效率會比較低。

二分搜尋

二分搜尋（Binary Search）是一種常見的搜索演算法，可以用來在有序串列中快速查找目標值。

演算法的邏輯為

1. 先找到串列的中間位置，然後將目標值與中間值進行比較。
2. 如果目標值等於中間值，則找到了目標值，演算法結束；
3. 如果目標值小於中間值，則在串列的左半部分進行搜索；如果目標值大於中間值，則在串列的右半部分進行搜索。
4. 重複這個過程，直到找到目標值或者確定目標值不存在於串列中為止。

以下是使用 Python 實作的二分搜尋演算法：

```
nums = [1, 3, 5, 7, 9, 11]  # 您可以根據需要更改這個數組
target = 7  # 您可以根據需要更改這個目標值
left, right = 0, len(nums) - 1
index = -1

while left <= right:
    mid = (left + right) // 2
    if nums[mid] == target:
        index = mid
        break
    elif nums[mid] < target:
        left = mid + 1
    else:
        right = mid - 1

print(index)
```

這段程式碼會在 nums 列表中搜尋 target，並返回目標值的索引，如果沒有找到目標值，則返回 -1。上述範例的執行結果會是：3

使用 while 迴路來實作二分搜尋的過程。

1. 在每次循環中，計算出串列的中間位置 mid，然後比較目標值和中間值的大小關係。
2. 如果目標值等於中間值，則找到了目標值，返回中間位置；
3. 如果目標值小於中間值，則在左半部分繼續搜索，將右邊界更新為 mid - 1；
4. 如果目標值大於中間值，則在右半部分繼續搜索，將左邊界更新為 mid + 1。

要注意這種方法的前提是串列必須是有序的，如果串列是無序的，則需要先進行排序。

4.3 排序演算法

泡沫排序法

泡沫排序法（Bubble Sort）是一種簡單直觀的排序算法，其基本想法是透過交換相鄰兩個元素的位置，來不斷地將未排序的元素中最大（或最小）的數值移到最後（或最前）的位置，進而實現排序的目的。

具體實作方法如下：

1. 比較相鄰的兩個元素。如果前者比後者大（或小），則交換它們的位置。
2. 對每一對相鄰的元素進行比較和交換，直到最後一對元素。這樣一次追蹤後，最後元素會是串列中的最大（或最小）元素。
3. 追蹤剩下的元素，重複進行步驟 1 和 2，直到整個串列有序為止。

下面是使用 Python 語言實作泡沫排序演算法的例子：

```
arr = [64, 34, 25, 12, 22, 11, 90]  # 您可以根據需要更改這個數組
n = len(arr)
for i in range(n):
    for j in range(n-i-1):
        if arr[j] > arr[j+1]:
            arr[j], arr[j+1] = arr[j+1], arr[j]

print(arr)
```

這段程式碼會對 arr 列表進行冒泡排序，最後輸出排序後的數組。上述範例的執行結果會是：

```
[11, 12, 22, 25, 34, 64, 90]
```

1. 外層迴路用來追蹤串列中的每個元素。
2. 內層迴路用來比較相鄰的元素並交換它們的位置。
3. 內層迴路每次追蹤的範圍是串列中未排序的元素。

當串列很長時，泡沫排序的效率會比較低。在這種情況下，可以使用其他更高效的排序演算法，例如快速排序、合併排序等技術。

選擇排序

選擇排序是一種簡單的排序演算法，基本想法是

1. 選擇最小的元素，然後與串列中的第一個元素進行交換，
2. 接著在剩下的元素中再選擇最小的元素，與串列中的第二個元素進行交換，
3. 以此類推，直到整個串列排序完成。

```
arr = [64, 25, 12, 22, 11]  # 您可以根據需要更改這個數組
n = len(arr)

for i in range(n):
    min_idx = i
    for j in range(i + 1, n):
        if arr[j] < arr[min_idx]:
            min_idx = j
    arr[i], arr[min_idx] = arr[min_idx], arr[i]

print(arr)
```

這段程式碼會對 arr 列表進行選擇排序，最後輸出排序後的數組。上述範例的執行結果會是：

```
[11, 12, 22, 25, 64]
```

例子中，使用雙重循環來實作選擇排序。

1. 外部循環用於選擇要放置的位置，
2. 內部循環則用於查找最小值。
3. 在每次內部循環結束後，我們會將最小值與當前位置進行交換。
4. 在大多數情況下，它比插入排序和泡沫排序更快。

快速排序法

快速排序（Quick Sort）是一種基於分治法的高效排序演算法，由 Tony Hoare 於 1960 年提出。

1. 邏輯是選擇基準元素，然後透過將其他元素劃分為兩個子序列來進行排序。
2. 其中子序列的所有元素均小於基準元素，另一個子序列的所有元素均大於基準元素。

3. 然後對這兩個子序列遞迴進行快速排序，直到所有子序列的元素個數為 1 或 0 為止。

下面是使用 Python 語言實現快速排序演算法的例子：

```
arr = [64, 34, 25, 12, 22, 11, 90]  # 您可以根據需要更改這個數組
stack = [(arr, 0, len(arr) - 1)]

while stack:
    arr, start, end = stack.pop()
    if start < end:
        pivot = arr[start]
        left = start + 1
        right = end

        while left <= right:
            while left <= right and arr[left] <= pivot:
                left += 1
            while left <= right and arr[right] > pivot:
                right -= 1
            if left < right:
                arr[left], arr[right] = arr[right], arr[left]

        arr[start], arr[right] = arr[right], arr[start]

        stack.append((arr, start, right - 1))
        stack.append((arr, right + 1, end))

print(arr)
```

這段程式碼會對 arr 列表進行快速排序，最後輸出排序後的數組。上述範例的執行結果會是：

```
[11, 12, 22, 25, 34, 64, 90]
```

這個實現方式使用了迭代而不是遞歸，以避免函式調用。

1. 接受串列 arr，然後選擇第一個元素作為基準元素 pivot。
2. 透過將其他元素劃分為兩個子序列 left 和 right 來進行排序，其中 left 子序列的所有元素均小於 pivot，而 right 子序列的所有元素均大於等於 pivot。
3. 對這兩個子序列迭代進行快速排序，最後將排序後的 left 子序列、pivot 和 right 子序列合併起來。

當串列很大時，快速排序的效率通常比其他排序演算法更好。但是在某些特殊情況下，例如串列已經排好序或者串列中存在大量相同元素時，快速排序的效率可能會降低。

篩法

篩法（Sieve of Eratosthenes）是一種用於找出一定範圍內所有質數的方法。它的名字來自古希臘數學家埃拉托色尼（Eratosthenes）。

篩法的基本想法是從小到大追蹤每個數字，如果這個數字還沒有被標記為非質數，那麼就把它標記為質數，然後把它的倍數都標記為非質數。這樣追蹤完所有數字後，所有未被標記為非質數的數字就都是質數。

篩法求質數

```
p = [2,3,5,7]
n = 100
for k in range(2):
    d = list(range(2,n+1))

    for i in p:
        for j in d:
            if j%i ==0:
                d.remove(j)
```

```
    d =p + d
    print(d[:10],'...',d[-10:])

    n = n * 100
    p = d
```

執行結果

```
# [2, 3, 5, 7, 11, 13, 17, 19, 23, 29] ... [53, 59, 61, 67, 71,
73, 79, 83, 89, 97]
# [2, 3, 5, 7, 11, 13, 17, 19, 23, 29] ... [9887, 9901, 9907,
9923, 9929, 9931, 9941, 9949, 9967, 9973]
```

這段程式碼使用篩法（Sieve of Eratosthenes）來找出指定範圍內的所有質數，其中的變數解釋如下：

- p：包含已知的質數的串列，初始值為 [2, 3, 5, 7]。
- n：最大值，初始值為 100。
- k：迴圈計數器，從 0 開始，進行兩次迴圈。
- d：包含所有可能的質數的串列，初始值為從 2 到 n 的所有數字。
- i：表示 p 串列中的元素，用來篩選 d 串列中的數字。
- j：表示 d 串列中的元素，需要進行篩選。

1. if j % i == 0：如果 j 可以整除 i，那麼 j 不是質數，因此要從 d 串列中刪除。
2. d = p + d：將已知的質數串列 p 和篩選後的可能質數串列 d 相結合，得到所有的質數。
3. print(d[:10],'...',d[-10:])：列印出前十個和後十個質數。
4. n = n * 100：將 n 的值增加一百倍，下一次迭代中會找出更多的質數。
5. p = d：更新已知的質數串列，以便在下一次迭代中使用。

6. 程式碼執行的結果是，在第一次迭代中找到了從 2 到 100 的所有質數，第二次迭代中找到了從 2 到 10000 的所有質數。

7. 在第一次迭代後，p 變成了從 2 到 100 的所有質數，這些質數被用於篩選第二次迭代中的可能質數串列 d。在第二次迭代後，p 變成了從 2 到 10000 的所有質數，這些質數可以用於進一步的計算。

4.4 堆疊資料結構

堆疊（Stack）

Stack（堆疊）是一種資料結構，它遵循「後進先出（Last In First Out, LIFO）」的原則。換句話說，最後被添加到堆疊中的元素是第一個被移除的元素。在堆疊中，元素只能在堆疊的頂部添加或刪除，因此堆疊的另一個名稱是「頂端式資料結構（LIFO）」。

- Stack 堆疊的操作有兩個基本動作：
  - Push（推）：在堆疊的頂部添加元素。
  - Pop（彈出）：刪除堆疊頂部的元素。
- 其他操作
  - Peek（查看）：查看堆疊頂部的元素，但不刪除它。
  - IsEmpty（是否為空）：檢查堆疊是否為空。

Stack 堆疊通常用於編譯器、計算機程式設計和其他需要處理括號匹配的應用程式。堆疊的實現可以使用陣列或連結串列等資料結構來完成。

使用 Stack

Stack（堆疊）是一種簡單的資料結構，它具有 LIFO（Last-In-First-Out）的特性，這意味著最後壓入堆疊的元素將首先被彈出。

範例：實作堆疊的例子

```
# 建立空堆疊
stack = []

# 將元素壓入堆疊
stack.append(10)
stack.append(20)
stack.append(30)
```

```
# 查看堆疊的內容
print(stack)  # 輸出 [10, 20, 30]
```

```
# 從堆疊中彈出元素
print(stack.pop())  # 輸出 30
print(stack.pop())  # 輸出 20
```

```
# 查看堆疊的內容
print(stack)  # 輸出 [10]
```

例子中，使用 Python 內置的串列（List）實現了堆疊。建立空的串列，然後使用 append() 函數將元素壓入堆疊。可以使用 pop() 函數從堆疊中彈出元素，這將彈出最後壓入堆疊的元素。也可以使用索引來訪問堆疊中的元素，例如 stack[-1] 表示堆疊的頂部元素。

堆疊的應用十分多，例如在編譯器中用於實現括號匹配、在瀏覽器中用於實現瀏覽歷史紀錄、在電腦程式中用於實現遞迴演算法等。

範例：檢查多種括號平衡

如果我們需要檢查多種括號的平衡，例如小括號、中括號和大括號，可以使用一個字典來儲存括號的對應關係。追蹤字串時，如果遇到開括號，則將其推入 stack 中，如果遇到關閉括號，就將 stack 中最上層的括號彈出，並檢查這兩個括號是否匹配。

```
def check_balanced(s):
    stack = []
    parentheses = {'(': ')', '[': ']', '{': '}'}
    for c in s:
        if c in parentheses:
            stack.append(c)
        elif c in parentheses.values():
            if len(stack) == 0 or parentheses[stack[-1]] != c:
                return False
            stack.pop()
    return len(stack) == 0

s = '(){[()]}'
print(check_balanced(s))
s = '(){[(])}'
print(check_balanced(s))
```

執行結果

```
# True
# False
```

1. 定義函數 check_balanced(s)，接收一個字串 s 作為輸入。
2. 定義字典 parentheses，用來存儲左右括號。
3. 使用一個空的串列 stack 來作為堆疊結構。
4. 對字串 s 進行追蹤，對於每個字符 c，如果 c 是左括號，則將其壓入堆疊中；否則，如果 c 是右括號，則取出堆疊中的頂部元素，找出其對應的右括號，如果與當前字符 c 不匹配，或者堆疊已經為空，則返回 False。如果當前字符 c 是左括號，則直接將其壓入堆疊中。

5. 最後，如果堆疊中還有元素，則表示括號不平衡，返回 False；否則，括號平衡，返回 True。

在主程式中，定義了一個字串 s，第一個字串的括號是平衡的，傳回 True；而第二個字串的括號是不平衡的，傳回 False。

4.5 佇列資料結構

佇列（Queue）

"Queue" 是一種資料結構，常見於資訊科學和資訊科技領域。它是一種先進先出（First-In-First-Out, FIFO）的數據結構，其中最先進入佇列的元素最先被處理或移除。當元素被加入佇列時，它會被放在佇列的尾部，當需要處理元素時，從佇列的頭部取出元素進行處理。

Queue 可以有不同的實現方式，包括陣列（array）、鏈結串列（linked list）、堆（heap）等等。

Queue 應用

假設在一家銀行，需要排隊等待櫃員提供服務。在這種情況下，就處於佇列中，也就是排隊等候的隊伍。

這個佇列可以被視為先進先出的資料結構，也被稱為佇列。當進入佇列時，被添加到佇列的尾部。當櫃員準備好為下客戶提供服務時，佇列的頭部的客戶將被移除，並且該客戶將被服務。

在資訊科學中，佇列被用於實現許多演算法和資料結構，如廣度優先搜尋（BFS），作業系統的進度調度，以及網路資料封包的傳輸等。在這些情況下，資料（如節點、進程或資料包）按照它們進入佇列的順序進行處理，並且只有在佇列的頭部的資料被處理完畢後，才能處理下一筆資料。

範例：使用 List 實作 queue

```
queue = []

# 將元素添加到 queue 的尾部
queue.append(10)
queue.append(20)
queue.append(30)
# 從 queue 的頭部取出元素
x = queue.pop(0)
y = queue.pop(0)

print(x)  # 10
print(y)  # 20
print(queue)  # [30]
```

範例：使用佇列模組實作

```
from queue import Queue

# 建立空佇列
q = Queue()

# 將資料添加到佇列中
q.put(10)
q.put(20)
q.put(30)

# 列印佇列的大小
```

```
print("佇列大小：", q.qsize())

# 訪問佇列中的第一個元素
print("佇列頭部元素：", q.queue[0])

# 從佇列中取出並刪除第一個元素
item = q.get()
print("取出元素：", item)

# 列印佇列中的所有元素
while not q.empty():
    print(q.get(), end=" ")
```

1. 首先導入 Python 的佇列模組。
2. 建立了空佇列，將三個數據添加到佇列中，列印佇列的大小，追蹤佇列中的第一個元素，從佇列中取出並刪除第一個元素。
3. 列印佇列中的所有元素。

輸出結果

```
佇列大小： 3
佇列頭部元素： 10
取出元素： 10
20 30
```

範例：Josephus 問題

Josephus 問題是一個古老而著名的數學問題，描述如下：

有 n 個人站成一個圓圈，從第一個人開始報數，報到 m 的人出圈，剩下的人繼續報數，重複此過程，直到所有人都出圈為止。問最後一個出圈的人在原先圓圈中的位置是多少？

```
n = 15   # 有 n 個人
m = 4   # 每 m 個人出圈

# 初始化每個人的編號
people = list(range(1, n+1))

# 紀錄出圈的人的順序
order = []

# 依照 Josephus 規則，將每 m 個人出圈，直到只剩下一個人
idx = 0   # 從第一個人開始報數
while len(people) > 1:
    # 找到要出圈的人的編號
    idx = (idx + m - 1) % len(people)
    out = people.pop(idx)
    order.append(out)

# 最後剩下的一個人就是答案
answer = people[0]

print("n =", n, ", m =", m)
print("最後一個出圈的人，原先位置：", answer)
```

輸出結果

```
# n = 15 , m = 4
# 最後一個出圈的人，原先位置：13
```

範例：定時 K 彈

問題描述

「定時 K 彈」是一個團康遊戲，N 個人圍成一個圈，由 1 號依序到 N 號，從 1 號開始依序傳遞一枚玩具炸彈，炸彈每次到第 M 個人就會爆炸，此人即淘汰，被淘汰的人要離開圓圈，然後炸彈再從該淘汰者的下一個開始傳遞。遊戲之所以稱 K 彈是因為這枚炸彈只會爆炸 K 次，在第 K 次爆炸後，遊戲即停止，而此時在第 K 個淘汰者的下一位遊戲者被稱為幸運者，通常就會被要求表演節目。例如 N=5，M=2，如果 K=2，炸彈會爆炸兩次，被爆炸淘汰的順序依序是 2 與 4（參見下圖），這時 5 號就是幸運者。如果 K=3，剛才的遊戲會繼續，第三個淘汰的是 1 號，所以幸運者是 3 號。如果 K=4，下一輪淘汰 5 號，所以 3 號是幸運者。

此題輸入 N、M 與 K，請你計算出誰是幸運者。

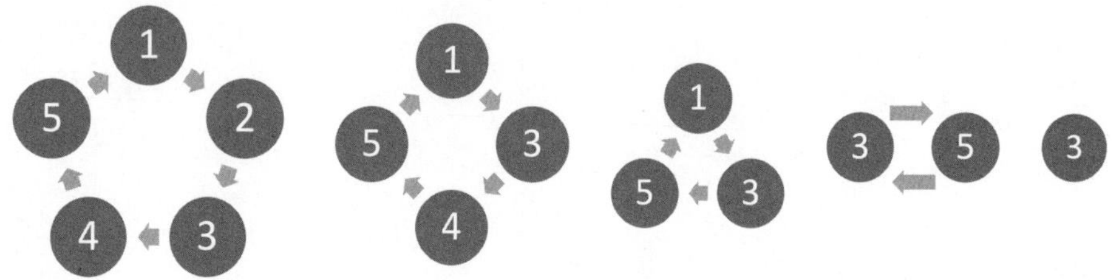

輸入格式

輸入只有一行包含三個正整數，依序為 N、M 與 K，兩數中間有一個空格分開。其中 $1 \le K < N$。

輸出格式

請輸出幸運者的號碼，結尾有換行符號。

範例一：輸入

```
5 2 4
```

範例一：正確輸出

```
3
```

（說明）

被淘汰的順序是 2、4、1、5，此時 5 的下一位是 3，也是最後剩下的，所以幸運者是 3。

範例二：輸入

```
8 3 6
```

範例二：正確輸出

```
4
```

（說明）

被淘汰的順序是 3、6、1、5、2、8，此時 8 的下一位是 4，所以幸運者是 4。

評分說明

輸入包含若干筆測試資料，每一筆測試資料的執行時間限制(time limit)均為 1 秒，依正確通過測資筆數給分。其中：

第 1 子題組 20 分，$1 \le N \le 100$，且 $1 \le M \le 10$，$K = N\text{-}1$。

第 2 子題組 30 分，$1 \le N \le 10{,}000$，且 $1 \le M \le 1{,}000{,}000$，$K = N\text{-}1$。

第 3 子題組 20 分，$1 \le N \le 200{,}000$，且 $1 \le M \le 1{,}000{,}000$，$K = N\text{-}1$。

第 4 子題組 30 分，$1 \le N \le 200{,}000$，且 $1 \le M \le 1{,}000{,}000$，$1 \le K < N$。

```
# n 人數
# m 第 m 個人
# k 第 k 次
n,m,k = map(int,input().split())
# n = 5
# m = 2
# k = 4

# 建立一個包含 1 到 10 的串列 a
a = [i+1 for i in range(10)]

# 初始化變數 i 為 1
i = 1
# 當 k 大於等於 1 時進入循環
while (k>=1):
    # 取出 a 中的第一個元素
    t = a.pop(0)
    # 如果 i 是奇數，則把取出的元素加到 a 的末尾
    if i%2!=0:
        a.append(t)
    # 否則，k 減 1 表示已經取出了一個元素
    else:
        k-=1
    # i 加 1，表示已經取出了一個元素
    i+=1

# 最後剩下的一個元素即為要找的數字
print(a[0])
```

4.6 遞迴（Python 版）

遞迴是指一個函數在其定義中呼叫自身的過程。遞迴函數通常包括了一個或多個基本情況（base case）和一個或多個遞迴情況（recursive case）。當函數在遞迴情況下呼叫自身時，它會不斷地將問題分解成更小的子問題，直到最終達到基本情況。

在設計遞迴演算法時，需要考慮以下幾點：

1. **基本情況**：確定何時遞迴應該終止，通常是當問題已經被簡化到足夠小的規模時。
2. **遞迴情況**：確定如何將原問題分解成更小的子問題，以便可以應用相同的算法來解決它們。
3. **遞迴的時間、空間考量**：確定每次遞迴所需要的時間和空間，以避免出現過多的遞迴深度和重複運算。

範例：計算階乘

```
def fact(n):
    if n == 0:
        return 1
    else:
        return n * fact(n-1)
```

範例：計算冪

```
def power(x, n):
    if n == 0:
        return 1
    else:
        return x * power(x, n-1)
```

範例：計算費式數列

```
def fib (n):
    if n <= 1:
        return n
    else:
        return fib(n-1) + fib(n-2)
```

範例：反轉字串

```
def reverse_string(s):
    if len(s) == 0:
        return s
    else:
        return reverse_string(s[1:]) + s[0]
```

範例：將數字轉換為字串

```
def to_string(n):
    if n < 10:
        return str(n)
    else:
        return to_string(n//10) + str(n%10)
```

範例：求最大公因數

```
def gcd(a, b):
    if b == 0:
        return a
    else:
        return gcd(b, a%b)
```

範例：判斷迴文字串

```
def is_pd(s):
    if len(s) <= 1:
        return True
    else:
        return s[0] == s[-1] and is_pd(s[1:-1])
```

範例：檢查數字是否為迴文

```
def is_pd_number(n):
    if n < 10:
        return True
    else:
        digits = str(n)
        return digits[0] == digits[-1] and is_pd_number(int(digits[1:-1]))
```

範例：找出串列中的最大值

```
def find_max(lst):
    if len(lst) == 1:
        return lst[0]
    else:
        return max(lst[0], find_max(lst[1:]))
```

範例：漢諾塔

```
def hanoi(n, from_disk, to_disk, aux_disk):
    if n == 1:
        print(f"Move disk 1 from disk {from_disk} to disk {to_disk}")
        return
    hanoi(n-1, from_disk, aux_disk, to_disk)
    print(f"Move disk {n} from disk {from_disk} to disk {to_disk}")
    hanoi(n-1, aux_disk, to_disk, from_disk)
```

```
hanoi(1,'a','b','c')
print()
hanoi(3,'a','b','c')
```

遞迴函數常用於解決數學、資訊科學、自然語言處理等領域的問題。

CHAPTER

5

APCS 實例演習（I）

實例演習是提升程式設計技能和問題解決能力的重要途徑。透過不斷的練習和實戰，能夠鞏固基礎知識、提升程式技巧、熟悉考試形式，為 APCS 考試做好充分準備。

範例：最大和

問題描述

給定 N 群數字，每群都恰有 M 個正整數。若從每群數字中各選擇一個數字(假設第 i 群所選出數字為 ti)，將所選出的 N 個數字加總即可得總和 S = $t1+t2+...+tN$。請寫程式計算 S 的最大值(最大總和)，並判斷各群所選出的數字是否可以整除 S。

輸入格式

第一行有二個正整數 N 和 M， 1≦ N ≦ 20，1≦ M ≦ 20。
接下來的 N 行，每一行各有 M 個正整數 xi ，代表一群整數，數字與數字間有一個空格，且 1≦i≦M，以及 1≦xi≦256。

輸出格式

第一行輸出最大總和 S。
第二行按照被選擇數字所屬群的順序，輸出可以整除 S 的被選擇數字，數字與數字間以一個空格隔開，最後一個數字後無空白；若 N 個被選擇數字都不能整除 S，就輸出-1。

範例一：輸入

```
3 2
1 5
6 4
1 1
```

範例一：正確輸出

```
12
6 1
```

（說明）挑選的數字依序是 5,6,1，總和 S=12。而此三數中可整除 S 的是 6 與 1，6 在第二群，1 在第 3 群所以先輸出 6 再輸出 1。注意，1 雖然也出現在第一群，但她不是第一群中挑出的數字，所以順序是先 6 後 1。

範例二：輸入

```
4 3
6 3 2
2 7 9
4 7 1
9 5 3
```

範例二：正確輸出

```
31
-1
```

（說明）挑選的數字依序是 6,9,7,9，總和 S=31。而此四數中沒有可整除 S 的，所以第二行輸出-1。

評分說明

輸入包含若干筆測試資料，每一筆測試資料的執行時間限制(time limit)均為 1 秒，依正確通過測資筆數給分。其中：
第 1 子題組 20 分：1≦ N ≦ 20，M = 1。
第 2 子題組 30 分：1≦ N ≦ 20，M = 2。
第 3 子題組 50 分：1≦ N ≦ 20，1≦ M ≦ 20。

```
# ins 為 input string 的縮寫，筆者用來測試輸入資料用，測試無誤後，再把下一列程式碼，ins = input() 前面的註解 # 符號去除，就可以符合題意輸入要求。
ins = '''
4 3
6 3 2
2 7 9
4 7 1
9 5 3
'''
# Ins = input()
# 將字串轉成串列
a = ins.strip().split('\n')
# 取出第一行，不包含資料
a.pop(0)
# 建立空串列 d
d = []
# 將每一行轉成整數串列，並加入 d 中
for i in a:
    t = [int(j) for j in i.split()]
    d.append(t)
# 計算每一行中的最大值，並將所有最大值加總起來
s = 0
for i in d:
    s += max(i)
# 建立空串列 b
b = []
# 將可以整除 s 的每一行的最大值加入 b 中
for i in d:
    if s % max(i) == 0:
        b.append(str(max(i)))
# 將 b 中的元素組合成一個字串
b = ''.join(b)
# 如果 b 為空，則輸出 -1；否則輸出 b
if b == '':
    print(-1)
```

```
else:
    print(b)
```

範例：成績指標

問題描述

一次考試中，於所有及格學生中獲取最低分數者最為幸運，反之，於所有不及格同學中，獲取最高分數者，可以說是最為不幸，而此二種分數，可以視為成績指標。

請你設計一支程式，讀入全班成績(人數不固定)，請對所有分數進行排序，並分別找出不及格中最高分數，以及及格中最低分數。

當找不到最低及格分數，表示對於本次考試而言，這是一個不幸之班級，此時請你印出：「worst case」；反之，當找不到最高不及格分數時，請你印出「best case」。
註：假設及格分數為 60，每筆測資皆為 0~100 間整數，且筆數未定。

輸入格式

第一行輸入學生人數，第二行為各學生分數(0~100 間)，分數與分數之間以一個空白間格。每一筆測資的學生人數為 1~20 的整數。

輸出格式

每筆測資輸出三行。
第一行由小而大印出所有成績，兩數字之間以一個空白間格，最後一個數字後無空白；
第二行印出最高不及格分數，如果全數及格時，於此行印出 best case；
第三行印出最低及格分數，當全數不及格時，於此行印出 worst case。

範例一：輸入

```
10
0 11 22 33 55 66 77 99 88 44
```

範例一：正確輸出

```
0 11 22 33 44 55 66 77 88 99
55
66
```

（說明）不及格分數最高為 55，及格分數最低為 66。

範例二：輸入

```
1
13
```

範例二：正確輸出

```
13
13
worst case
```

（說明）由於找不到最低及格分，因此第三行須印出「worst case」。

範例三：輸入

```
2
73 65
```

範例三：正確輸出

```
65 73
best case
65
```

（說明）由於找不到不及格分，因此第二行須印出「best case」。

評分說明

輸入包含若干筆測試資料，每一筆測試資料的執行時間限制(time limit)均為 2 秒，依正確通過測資筆數給分。

```
import copy

n = 10
a = input("請輸入 10 個整數，以空格分隔： ")
a = [int(i) for i in a.split(' ')] # 將輸入的字串轉換為整數串列
print(a)

# 將大於等於 60 的數取出，存入 p
p = [i for i in a if i >= 60]
# 將小於 60 的數取出，存入 np
np = [i for i in a if i < 60]

# 複製 a 串列，排序後存入 b
b = copy.copy(a)
b.sort()

# 輸出排序後的串列 b 和原始串列 a
print("排序後的串列 b:", b)
print("原始串列 a:", a)

# 輸出 p 中第一個元素和 np 中最後一個元素
print("大於等於 60 的數中最小值：", p[0])
print("小於 60 的數中最大值：", np[-1])
```

範例：邏輯運算子 (Logic Operators)

問題描述

小蘇最近在學三種邏輯運算子 AND、OR 和 XOR。這三種運算子都是二元運算子，也就是說在運算時需要兩個運算元，例如 a AND b。對於整數 a 與 b，以下三個二元運算子的運算結果定義如下列三個表格：

a AND b

	b 為 0	b 不為 0
a 為 0	0	0
a 不為 0	0	1

a OR b

	b 為 0	b 不為 0
a 為 0	0	1
a 不為 0	1	1

a XOR b

	b 為 0	b 不為 0
a 為 0	0	1
a 不為 0	1	0

舉例來說：

(1) 0 AND 0 的結果為 0，0 OR 0 以及 0 XOR 0 的結果也為 0。
(2) 0 AND 3 的結果為 0，0 OR 3 以及 0 XOR 3 的結果則為 1。
(3) 4 AND 9 的結果為 1，4 OR 9 的結果也為 1，但 4 XOR 9 的結果為 0。

請撰寫一個程式，讀入 a、b 以及邏輯運算的結果，輸出可能的邏輯運算為何。

輸入說明

- 輸入只有一行，共三個整數值，整數間以一個空白隔開。
- 第一個整數代表 a，第二個整數代表 b，這兩數均為非負的整數。
- 第三個整數代表邏輯運算的結果，只會是 0 或 1。

輸出說明

- 輸出可能得到指定結果的運算，若有多個，輸出順序為 AND、OR、XOR，每個可能的運算單獨輸出一行，每行結尾皆有換行。

若不可能得到指定結果，輸出 IMPOSSIBLE。

（注意輸出時所有英文字母均為大寫字母。）

範例輸入 #1

範例一： 0 0 0	範例二： 1 1 1	範例三： 3 0 1	範例四： 0 0 1

範例輸出 #1

範例一：	範例二：	範例三：	範例四：
AND OR XOR	AND OR	OR XOR	IMPOSSIBLE

程式碼

```
# instr = '000'
# instr = '111'
# instr = '301'
# instr = '001'
instr = input()
# 將不是 0 的數字全改為 1
d =  [1 if int(i)>1 else int(i) for i in instr ]
a,b,c = d

r = []
if c== a & b:
    r.append('AND')
if c== a | b:
    r.append('OR')
if c== a ^ b:
    r.append('XOR')

# 無符合資料填入 IMPOSSIBLE，有符合資料，以 join 組合成輸出格式
if len(r)==0:
    r = 'IMPOSSIBLE'
else:
    r = '\n'.join(r)
print(r)
```

範例：小群體

問題描述

Q 同學正在學習程式，P 老師出了以下的題目讓他練習。

一群人在一起時經常會形成一個一個的小群體。假設有 N 個人，編號由 0 到 N-1，每個人都寫下他最好朋友的編號（最好朋友有可能是他自己的編號，如果他自己沒有其他好友），在本題中，**每個人的好友編號絕對不會重複，也就是說 0 到 N-1 每個數字都恰好出現一次**。

這種好友的關係會形成一些小群體。例如 N=10，好友編號如下，

	0	1	2	3	4	5	6	7	8	9
好友編號	4	7	2	9	6	0	8	1	5	3

0 的好友是 4，4 的好友是 6，6 的好友是 8，8 的好友是 5，5 的好友是 0，所以 0、4、6、8、和 5 就形成了一個小群體。另外，1 的好友是 7 而且 7 的好友是 1，所以 1 和 7 形成另一個小群體，同理，3 和 9 是一個小群體，而 2 的好友是自己，因此他自己是一個小群體。總而言之，在這個例子裡有 4 個小群體：{0,4,6,8,5}、{1,7}、{3,9}、{2}。本題的問題是：輸入每個人的好友編號，計算出總共有幾個小群體。

Q 同學想了想卻不知如何下手，和藹可親的 P 老師於是給了他以下的提示：如果你從任何一人 x 開始，追蹤他的好友，好友的好友，....，這樣一直下去，一定會形成一個圈回到 x，這就是一個小群體。如果我們追蹤的過程中把追蹤過的加以標記，很容易知道哪些人已經追蹤過，因此，當一個小群體找到之後，我們再從任何一個還未追蹤過的開始繼續找下一個小群體，直到所有的人都追蹤完畢。

Q 同學聽完之後很順利的完成了作業。

在本題中，你的任務與 Q 同學一樣：給定一群人的好友，請計算出小群體個數。

輸入格式

第一行是一個正整數 N，說明團體中人數。

第二行依序是 0 的好友編號、1 的好友編號、......、N-1 的好友編號。共有 N 個數字，包含 0 到 N-1 的每個數字恰好出現一次，數字間會有一個空白隔開。

輸出格式

請輸出小群體的個數。不要有任何多餘的字或空白，並以換行字元結尾。

範例一：輸入

10
4 7 2 9 6 0 8 1 5 3

範例一：正確輸出

4

（說明）

4 個小群體是{0,4,6,8,5}，{1,7}，{3,9}和{2}。

範例二：輸入

3
0 2 1

範例二：正確輸出

2

（說明）

2 個小群體分別是{0},{1,2}。

評分說明

輸入包含若干筆測試資料，每一筆測試資料的執行時間限制(time limit)均為 1 秒，依正確通過測資筆數給分。其中：

第 1 子題組 20 分，$1 \leq N \leq 100$，每一個小群體不超過 2 人。

第 2 子題組 30 分，$1 \leq N \leq 1{,}000$，無其他限制。

第 3 子題組 50 分，$1{,}001 \leq N \leq 50{,}000$，無其他限制。

```
# instr 為 input string 的縮寫，筆者用來測試輸入資料用，測試無誤後，再把下一列程式碼，instr = input() 前面的註解 # 符號去除，就可以符合題意輸入要求。

instr = '''
10
4 7 2 9 6 0 8 1 5 3
'''
#Instr = input()
# 將輸入的字串轉成一個串列
d1 = instr.strip().split('\n')

# 取得元素個數 n
n = int(d1[0])

# 生成一個包含 0 到 n-1 的串列
r = list(range(n))

# 將 d1 中的數字轉成整數，存成一個串列 d
d = [int(i) for i in d1[1].split(' ')]

# 初始化 gs，gs 是一個集合的串列，每個集合裡面存放的是
# 連結在一起的圖上的點的索引
gs = []

# 初始化第一個集合 t，將第一個點和第一個索引加進去
t = set()
t.add(d[0])
t.add(r[0])
gs.append(t)

```

```
# 接下來的迴圈是用來將圖上的點連結成集合
for j in range(1,len(d)):
    for i in gs:
        # 如果這個點或這個點的索引已經在集合裡面了，則將這個點和這個索引加入集合
        if d[j] in i or r[j] in i:
            i.add(d[j])
            i.add(r[j])
            break
        # 如果這個點和這個索引都不在集合裡面，則生成一個新的集合 t
        else:
            t = set()
            t.add(d[j])
            t.add(r[j])
            gs.append(t)

# 去除重複的集合
gs1 = []
for i in gs:
    if i not in gs1:
        gs1.append(i)

# 輸出集合的數量
print(len(gs1))
```

範例：特殊編碼

問題描述

任何文字與數字在電腦中儲存時都是使用二元編碼，而所謂二元編碼也就是一段由 0 與 1 構成的序列。在本題中，A~F 這六個字元由一種特殊方式來編碼，在這種編碼方式中，這六個字元的編碼都是一個長度為 4 的二元序列，對照表如下：

字元	A	B	C	D	E	F
編碼	0101	0111	0010	1101	1000	1100

請你寫一個程式從編碼辨識這六個字元。

輸入格式

第一行是一個正整數 N，$1 \leq N \leq 4$，以下有 N 行，每行有 4 個 0 或 1 的數字，**數字間彼此以空白隔開**，每一行必定是上述六個字元其中之一的編碼。

輸出格式

輸出編碼所代表的 N 個字元，字元之間不需要空白或換行間格。

範例一：輸入

```
1
0 1 0 1
```

範例一：正確輸出

```
A
```

範例三：輸入

```
2
1 0 0 0
1 1 0 0
```

範例三：正確輸出

```
EF
```

範例二：輸入

```
1
0 0 1 0
```

範例二：正確輸出

```
C
```

範例四：輸入

```
4
1 1 0 1
1 0 0 0
0 1 1 1
1 1 0 1
```

範例四：正確輸出

```
DEBD
```

評分說明

輸入包含若干筆測試資料，每一筆測試資料的執行時間限制均為 1 秒，依正確通過測資筆數給分。其中：

第 1 子題組 50 分：$N=1$。

第 2 子題組 50 分：$N \leq 4$。

```
# instr = '''
# 1
# 0101
# '''
instr = '''
4
1101
1000
0111
1101
'''
instr = input()
r = {'0101':'A','0111':'B','0010':'C','1101':'D','1000':'E','1100':'F'}

data = instr.strip().splitlines()
n  = int(data[0])

s = ''
for i in range(1,n+1):
    s += r[data[i]]
print(s)
```

執行結果

```
# DEBD
```

1. r 變數是一個字典，包含了每個二進制字串對應的字母。在 for 迴圈中，程式會追蹤所有的二進制字串，將其轉換為對應的字母，最後將所有字母組成一個新的字串 s。
2. 例子中，instr 變數中包含了 4 個二進制字串，對應的字母分別為 D、E、B 和 D，因此最終的輸出結果為 DEBD。

範例：完全奇數

問題描述

如果一個正整數的每一位數都是奇數時，例如：7、19、1759977 等，我們稱這種數字為完全奇數。對於輸入的一正整數 N，如果 K 是最靠近 N 的完全奇數，請寫一程式找出 K 與 N 之間差距的絕對值，也就是說，請計算並輸出 $|K-N|$。

以 $N = 13256$ 為例，比 13256 大的最小完全奇數是 13311，比它小的最大完全奇數是 13199，因為 $|13311 - 13256| = 55 < |13256 - 13199| = 57$，因此輸出 55。

輸入格式

一個正整數 N，$N < 10^{18}$。

輸出格式

輸出 N 與其最近的完全奇數的差距。

範例一：輸入
```
135
```

範例一：正確輸出
```
0
```

範例三：輸入
```
35001
```

範例三：正確輸出
```
110
```

範例二：輸入
```
13256
```

範例二：正確輸出
```
55
```

範例四：輸入
```
1001
```

範例四：正確輸出
```
2
```

評分說明

輸入包含若干筆測試資料，每一筆測試資料的執行時間限制均為 1 秒，依正確通過測資筆數給分。其中：

第 1 子題組 20 分：$N < 100$。
第 2 子題組 30 分：$N < 10^6$。
第 3 子題組 50 分：$N < 10^{18}$。

```
# instr = '13256'
instr = input()
n = int(instr)

def isPodd(n):
    for i in str(n):
        if int(i)%2==0:
            return False
```

```
        return True

ksmall = n
while True:
    if isPodd(ksmall):
        break
    ksmall-=1
# print(ksmall)

kbig = n
while True:
    if isPodd(kbig):
        break
    kbig+=1
# print(kbig)

print(min(abs(n-kbig),abs(n-ksmall)))
```

執行結果

```
# 55
```

1. 將輸入的值轉換成整數，並命名為 n。
2. 定義了一個函數 isPodd，用來檢查一個數字是否為奇數。程式會用這個函數來判斷 ksmall 和 kbig 是否為奇數。
3. 迴圈中，程式會先檢查 ksmall 是否為奇數。如果是奇數，則跳出迴圈。如果不是奇數，則將 ksmall 減一。這個過程會一直執行，直到找到最小的奇數為止。
4. 下一個迴圈的邏輯和上一個迴圈是一樣的，只不過是在找最大的奇數。程式會將 kbig 加一，直到找到最大的奇數為止。
5. 程式會印出 n 與 ksmall 或 kbig 之間的差距，也就是與輸入數字最接近的奇數。

範例：秘密差

問題描述

將一個十進位正整數的奇數位數的和稱為 A，偶數位數的和稱為 B，則 A 與 B 的絕對差值|A－B|稱為這個正整數的秘密差。

例如：263541 的奇數位數的和 A = 6+5+1 = 12，偶數位數的和 B = 2+3+4 = 9，所以 263541 的秘密差是|12－9|= 3。

給定一個十進位正整數 X，請找出 X 的秘密差。

輸入格式

輸入為一行含有一個十進位表示法的正整數 X，之後是一個換行字元。

輸出格式

請輸出 X 的秘密差 Y(以十進位表示法輸出)，以換行字元結尾。

範例一：輸入

263541

範例一：正確輸出

3

（**說明**）263541 的 A = 6+5+1 = 12，B = 2+3+4 = 9，|A－B|= |12－9|= 3。

範例二：輸入

131

範例二：正確輸出

1

（**說明**）131 的 A = 1+1 = 2，B = 3，|A－B|= |2－3|= 1。

評分說明

輸入包含若干筆測試資料，每一筆測試資料的執行時間限制(time limit)均為 1 秒，依正確通過測資筆數給分。其中：

第 1 子題組 20 分：X 一定恰好四位數。

第 2 子題組 30 分：X 的位數不超過 9。

第 3 子題組 50 分：X 的位數不超過 1000。

```
# 設定一個字串變數 d，其值為 '263541'
#d = '263541'
d = input()
# 設定兩個初始值為 0 的變數 s1 和 s2
s1 = 0
s2 = 0
```

```python

# 使用 for 迴圈從 0 到字串 d 的長度 -1 進行迭代
for i in range(len(d)):
    # 如果 i 除以 2 的餘數為 0，表示 i 是偶數位
    if i%2==0:
        # 則將 d[i] 轉換為整數並加到 s1 上
        s1+=int(d[i])
    # 否則 i 是奇數位
    else:
        # 則將 d[i] 轉換為整數並加到 s2 上
        s2+=int(d[i])

# 計算 s1 和 s2 之差的絕對值並輸出
print(abs(s1-s2))
```

範例：線段覆蓋長度

問題描述

給定一維座標上一些線段，求這些線段所覆蓋的長度，注意，重疊的部分只能算一次。例如給定四個線段，(5, 6)、(1, 2)、(4, 8)、和(7, 9)。如下圖，線段覆蓋長度為 6。

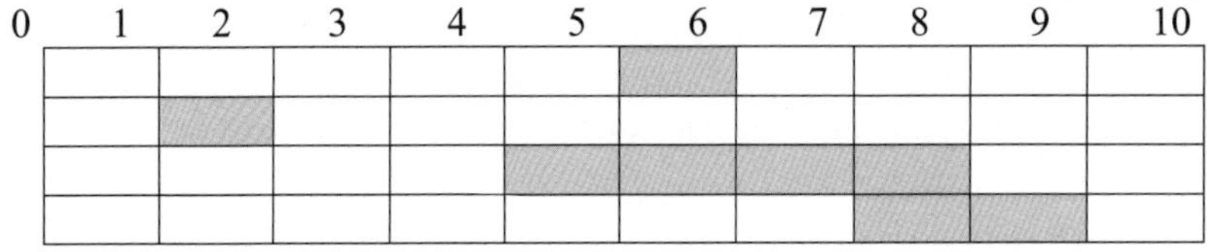

0 1 2 3 4 5 6 7 8 9 10

輸入格式：

第一列是一個正整數 N，表示此測試案例有 N 個線段。

接著的 N 列每一列是一個線段的開始端點座標和結束端點座標整數值，開始端點座標值小於等於結束端點座標值，兩者之間以一個空格區隔。

輸出格式：

輸出其總覆蓋的長度。

範例一：輸入

輸入	說明
5	此組測試案例有 5 個線段
160 180	開始端點座標值與結束端點座標
150 200	開始端點座標值與結束端點座標
280 300	開始端點座標值與結束端點座標
300 330	開始端點座標值與結束端點座標
190 210	開始端點座標值與結束端點座標

範例一：輸出

輸出	說明
110	測試案例的結果

範例二：輸入

輸入	說明
1	此組測試案例有 1 個線段
120 120	開始端點座標值與結束端點座標

範例二：輸出

輸出	說明
0	測試案例的結果

評分說明

輸入包含若干筆測試資料，每一筆測試資料的執行時間限制(time limit)均為 2 秒，依正確通過測資筆數給分。每一個端點座標是一個介於 0~M 之間的整數，每組測試案例線段個數上限為 N。其中：

第一子題組 30 分，M<1000，N<100，線段沒有重疊。

第二子題組 40 分，M<1000，N<100，線段可能重疊。

第三子題組 30 分，M<10000000，N<10000，線段可能重疊。

```
# d 用來記錄區間中每個位置是否已被覆蓋，一開始先全部設為 0
d = [0 for i in range(1000+1)]
# instr 是一個描述區間和線段的字串，先將它轉成 list 方便處理
instr = '''5
160 180
150 200
280 300
300 330
190 210'''
d1 = [i for i in instr.strip().split()]
```

```
# 第一個元素是區間中線段的數量，先取出來
n = int(d1[0])
d1.pop(0)
# 將每個線段的起點和終點存成一個 list
d1 = [int(i) for i in d1]
d2 = []
for i in range(0,len(d1),2):
    t = [d1[i],d1[i+1]]
    d2.append(t)
# 對於每條線段，將它覆蓋的區間標記為 1
for i in d2:
    a,b = i[0],i[1]
    for j in range(a,b+1):
        d[j] = 1
# 將 d 轉成字串，以 0 為分隔符，拆成若干個子字串
d = [str(i) for i in d]
d = ''.join(d)
d = d.split('0')
# 只保留非空字串
d = [i for i in d if i!='']
s = 0
# 對於每個子字串，用 2 當分隔符拆成若干段
# 每段中 1 的個數減 1 就是可以再放入的線段數
for i in d:
    t = i.split('2')
    t = [i for i in t if i!='']
    p = [i.count('1')-1 for i in t]
    s+=sum(p)
print(s)
```

範例：數字龍捲風

問題描述

給定一個 N*N 的二維陣列，其中 N 是奇數，我們可以從正中間的位置開始，以順時針旋轉的方式走訪每個陣列元素恰好一次。對於給定的陣列內容與起始方向，請輸出走訪順序之內容。下面的例子顯示了 N=5 且第一步往左的走訪順序：

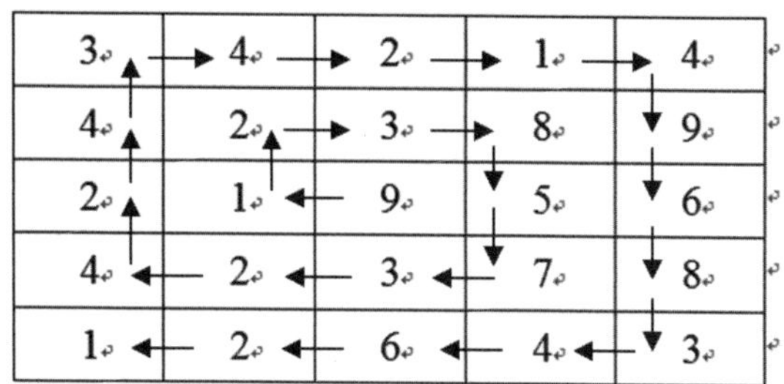

3	4	2	1	4
4	2	3	8	9
2	1	9	5	6
4	2	3	7	8
1	2	6	4	3

依此順序輸出陣列內容則可以得到「9123857324243421496834621」。

類似地，如果是第一步向上，則走訪順序如下：

3	4	2	1	4
4	2	3	8	9
2	1	9	5	6
4	2	3	7	8
1	2	6	4	3

依此順序輸出陣列內容則可以得到「9385732124214968346214243」。

輸入格式

輸入第一行是整數 N，N 為奇數且不小於 3。第二行是一個 0~3 的整數代表起始方向，其中 0 代表左、1 代表上、2 代表右、3 代表下。第三行開始 N 行是陣列內容，順序是由上而下，由左至右，陣列的內容為 0~9 的整數，同一行數字中間以一個空白間隔。

輸出格式

請輸出走訪順序的陣列內容，該答案會是一連串的數字，數字之間**不要輸出空白**，結尾有換行符號。

範例一：輸入

```
5
0
3 4 2 1 4
4 2 3 8 9
2 1 9 5 6
4 2 3 7 8
1 2 6 4 3
```

範例一：正確輸出

```
9123857324243421496834621
```

範例二：輸入

```
3
1
4 1 2
3 0 5
6 7 8
```

範例二：正確輸出

```
012587634
```

評分說明

輸入包含若干筆測試資料，每一筆測試資料的執行時間限制(time limit)均為 1 秒，依正確通過測資筆數給分。其中：

第 1 子題組 20 分，$3 \leq N \leq 5$，且起始方向均為向左。

第 2 子題組 80 分，$3 \leq N \leq 49$，起始方向無限定。

提示：本題有多種處理方式，其中之一是觀察每次轉向與走的步數。例如，起始方向是向左時，前幾步的走法是：左 1、上 1、右 2、下 2、左 3、上 3、……一直到出界為止。

```
# 輸入數字矩陣 d1，並將其轉換為 2D list d
d1 = '''
3 4 2 1 4
4 2 3 8 9
2 1 9 5 6
4 2 3 7 8
1 2 6 4 3
'''
d = [[j for j in i.split()] for i in d1.strip().split('\n')]

def go():
    global turn,ctr,r,c
    # 確認方向
    turn = turn % 4
    # 向左移動
    if turn == 0:
        c -= 1
    # 向上移動
    elif turn == 1:
        r -= 1
    # 向右移動
    elif turn == 2:
        c += 1
    # 向下移動
    elif turn == 3:
        r += 1
    # 輸出當前位置的數字
    print(d[r][c], end='')
```

```
        # 記錄已經輸出的數字個數
        ctr += 1
        # 如果已經輸出所有數字，就結束程式
        if ctr >= n**2:
            exit()

# 設定起始值，開始輸出數字
turn = 0
n = 5
r, c = n//2, n//2
ctr = 0
print(d[r][c], end='')
ctr += 1
# 如果矩陣大小為 1，就直接結束程式
if n == 1:
    exit()

# 開始按規律輸出數字
for i in range(1, 6):
    for j in range(i):
        go()
    turn += 1
    for j in range(i):
        go()
    turn += 1
```

CHAPTER

6

挑戰 APCS 8 級分以上

也就是目標是觀念 4 級，實作 4 級，以下是要再加強的部分。

6.1 貪心演算法

貪心演算法（Greedy Algorithm）是一種在每一步選擇中都採取當前最佳或最有利選擇的方法。這種方法希望透過一系列局部最優的選擇來達到全局最優的結果。貪心演算法的基本思路是，每次做出當前狀態下的最優選擇，而不考慮未來的結果。這種策略通常能夠在許多問題中得到快速而有效的解決方案，但它並不總能保證全局最優解。

貪心演算法的基本特徵

- **局部最優選擇**：在每一步中，選擇當前看起來最好的選擇。
- **無後效性**：一旦做出某個選擇，它不會再被改變或撤回。
- **可行性**：每一步所做的選擇都是當前可行的。
- **最終性**：所有的局部最優選擇加起來構成了問題的解。

貪心演算法的應用

1. **活動選擇問題**
    - 給定一組活動，每個活動都有一個開始時間和結束時間，要求選出最多數量的互不重疊的活動。貪心策略是每次選擇結束時間最早的活動。
2. **最小生成樹**
    - 在圖論中，最小生成樹問題可以使用貪心演算法來解決，例如 Kruskal 和 Prim 算法。

3. **霍夫曼編碼**
    - 霍夫曼編碼是一種無損數據壓縮演算法，它使用貪心策略來構造最優二叉樹。
4. **硬幣找零問題**
    - 在找零問題中，給定不同面值的硬幣以及總額，要求用最少數量的硬幣來湊成總額。貪心策略是每次選擇面值最大的硬幣。

貪心演算法的設計步驟

1. **選擇貪心策略**：確定如何在每一步選擇當前最優解。
2. **證明貪心選擇性**：證明局部最優選擇能導致全局最優解。
3. **構造貪心算法**：實作貪心策略的算法。
4. **分析時間複雜度**：確定算法的時間和空間複雜度。

範例 1：貪心演算法解決硬幣找零問題

假設我們有不同面額的硬幣，並且希望找零時使用最少數量的硬幣。

```
# 可用的硬幣面額
coins = [25, 10, 5, 1]
# 需要找零的金額
amount = 87

# 儲存找零硬幣的結果
change = []
remaining_amount = amount

for coin in coins:
    while remaining_amount >= coin:
        change.append(coin)
        remaining_amount -= coin
```

```
print(f"找零的硬幣：{change}")
print(f"總共使用了 {len(change)} 個硬幣")
```

在這段程式碼中，我們先定義了可用的硬幣面額 coins 列表，然後設定需要找零的金額 amount。接著，我們使用貪心演算法來找零，優先使用面額最大的硬幣，直到找零完成。

執行結果

```
找零的硬幣：[25, 25, 25, 10, 1, 1]
總共使用了 6 個硬幣
```

範例 2：貪心演算法解決活動選擇問題

```
活動選擇問題是一個典型的貪心演算法問題，我們需要選擇最多數量的互不重疊的活動。假設活動按照結束時間已經排序。
# 活動的開始和結束時間
activities = [
    (1, 4),  # 活動 1: 開始時間 1, 結束時間 4
    (3, 5),  # 活動 2: 開始時間 3, 結束時間 5
    (0, 6),  # 活動 3: 開始時間 0, 結束時間 6
    (5, 7),  # 活動 4: 開始時間 5, 結束時間 7
    (3, 8),  # 活動 5: 開始時間 3, 結束時間 8
    (5, 9),  # 活動 6: 開始時間 5, 結束時間 9
    (6, 10), # 活動 7: 開始時間 6, 結束時間 10
    (8, 11), # 活動 8: 開始時間 8, 結束時間 11
    (8, 12), # 活動 9: 開始時間 8, 結束時間 12
    (2, 13), # 活動 10: 開始時間 2, 結束時間 13
    (12, 14)# 活動 11: 開始時間 12, 結束時間 14
]

# 按結束時間排序活動
activities.sort(key=lambda x: x[1])

# 儲存選擇的活動
```

```
selected_activities = []
# 上一個選擇的活動結束時間
last_end_time = 0

for activity in activities:
    start, end = activity
    if start >= last_end_time:
        selected_activities.append(activity)
        last_end_time = end

print(f"選擇的活動：{selected_activities}")
```

這段程式碼執行了以下步驟：

1. 定義活動的開始和結束時間。
2. 按照活動的結束時間對活動進行排序。
3. 使用貪心演算法選擇最多數量的互不重疊的活動。

執行結果將會顯示選擇的活動：

選擇的活動：[(1, 4), (5, 7), (8, 11), (12, 14)]

貪心演算法是一種簡單而有效的策略，適用於許多問題，但需要小心驗證它能否得到全局最優解。透過理解和應用貪心策略，可以在 APCS 考試中輕鬆應對相關題型，並取得好成績。

6.2 分治演算法

分治演算法（Divide and Conquer）是一種將原問題分解為若干個規模較小的子問題，遞迴地解決這些子問題，然後再合併子問題的解來得到原問題的解的方法。分治法通常適用於問題規模較大且結構比較規則的情況。

分治演算法的基本步驟

1. **分解（Divide）**：將問題分解為若干個規模較小的子問題。
2. **解決（Conquer）**：遞迴地解決這些子問題。如果子問題規模足夠小，則直接解決。
3. **合併（Combine）**：將子問題的解合併成原問題的解。

分治演算法的應用

1. **合併排序（Merge Sort）**
   - 合併排序是一種典型的分治演算法，它將數列不斷地分成兩半，對每個子序列進行排序，然後再合併已排序的子序列。
2. **快速排序（Quick Sort）**
   - 快速排序也是一種典型的分治演算法。它選擇一個基準元素，將數列分成兩部分，一部分所有元素都小於基準元素，另一部分所有元素都大於基準元素，然後對這兩部分分別遞迴排序。
3. **大數乘法（Karatsuba Algorithm）**
   - Karatsuba 算法是一種高效的大數乘法演算法，利用分治法將大數的乘法轉化為若干個較小數的乘法和加法。
   - 例子：合併排序

合併排序的步驟

1. **分解**：將數列分成兩半。
2. **解決**：對每一半數列進行遞迴合併排序。
3. **合併**：將兩個已排序的子序列合併成一個有序的序列。

範例：合併排序的 Python 實做

```python
def merge_sort(arr):
    if len(arr) > 1:
        mid = len(arr) // 2
        left_half = arr[:mid]
        right_half = arr[mid:]

        # 遞迴分治
        merge_sort(left_half)
        merge_sort(right_half)

        # 合併
        i = j = k = 0
        while i < len(left_half) and j < len(right_half):
            if left_half[i] < right_half[j]:
                arr[k] = left_half[i]
                i += 1
            else:
                arr[k] = right_half[j]
                j += 1
            k += 1

        while i < len(left_half):
            arr[k] = left_half[i]
            i += 1
            k += 1

        while j < len(right_half):
            arr[k] = right_half[j]
            j += 1
            k += 1
```

```python
def main():
    arr = [12, 11, 13, 5, 6, 7]
    print("Given array is:", arr)
```

```
        merge_sort(arr)
        print("Sorted array is:", arr)

if __name__ == "__main__":
        main()
```

解析

1. **merge_sort 函數**：
   - 如果數列長度大於 1，則將數列分成兩半，分別進行合併排序。
   - 合併兩個已排序的子序列。
2. **main 函數**：
   - 定義一個待排序的數列，調用 merge_sort 函數進行排序，並印出排序前後的數列。

合併排序的時間複雜度

合併排序的時間複雜度是 O(n log n)，因為它將數列不斷地分成兩半（log n 次），並且每次合併需要 O(n) 的時間。

分治法的優點

- **效率高**：對於很多問題，分治法能顯著降低時間複雜度。
- **易於並行**：因為每個子問題可以獨立解決，分治法特別適合於並行計算。

分治演算法是一種強大的問題解決策略，適用於許多複雜的問題。透過理解和應用分治策略，可以在 APCS 考試中輕鬆應對相關題型，並取得好成績。

6.3 動態規劃演算法

動態規劃（Dynamic Programming, DP）是一種解決最優化問題的算法設計方法，適用於多階段決策過程。它的基本思想是將問題分解為相互重疊的子問題，透過計算並保存子問題的解來避免重複計算，提高算法的效率。動態規劃常用於解決最優子結構和重疊子問題的問題。

動態規劃的基本特徵

- **最優子結構**：原問題的最優解包含其子問題的最優解。
- **重疊子問題**：原問題的解可分解為多個子問題，且這些子問題是重複出現的。
- **記憶化**：將已經計算過的子問題的解保存起來，避免重複計算。

動態規劃的基本步驟

1. **定義子問題**：將原問題分解為子問題，定義狀態表示。
2. **遞迴關係**：找到子問題之間的關係，建立遞迴公式。
3. **初始條件**：確定邊界條件或初始條件。
4. **計算順序**：確定計算子問題的順序，通常使用自底向上的方式。

動態規劃的應用

1. **費波那契數列**
    - 費波那契數列是一個簡單而經典的動態規劃問題。
2. **背包問題**
    - 背包問題是動態規劃的一個典型應用。給定一組物品，每個物品有一個重量和價值，在背包容量限制下，如何選擇物品使得總價值最大。

3. **最長公共子序列（LCS）**
   - 給定兩個序列，找出它們的最長公共子序列。

範例 1：最長公共子序列（LCS）

問題描述

給定兩個序列，找出它們的最長公共子序列。

動態規劃解法

1. **定義子問題**：
   - 設 dp[i][j] 表示序列 A 的前 i 個字符和序列 B 的前 j 個字符的最長公共子序列的長度。
2. **遞迴關係**：
   - 如果 A[i-1] == B[j-1]，則 dp[i][j] = dp[i-1][j-1] + 1
   - 否則，dp[i][j] = max(dp[i-1][j], dp[i][j-1])
3. **初始條件**：
   - dp[0][j] = 0，dp[i][0] = 0
4. **計算順序**：
   - 自底向上計算 dp 表。

```
def lcs(X, Y):
    m = len(X)
    n = len(Y)

    # 建立 DP 表，初始化為 0
    dp = [[0] * (n + 1) for _ in range(m + 1)]

```

```
    # 填充 DP 表
    for i in range(1, m + 1):
        for j in range(1, n + 1):
            if X[i-1] == Y[j-1]:
                dp[i][j] = dp[i-1][j-1] + 1
            else:
                dp[i][j] = max(dp[i-1][j], dp[i][j-1])

    # 回溯構建 LCS 字符串
    lcs_str = []
    i, j = m, n
    while i > 0 and j > 0:
        if X[i-1] == Y[j-1]:
            lcs_str.append(X[i-1])
            i -= 1
            j -= 1
        elif dp[i-1][j] > dp[i][j-1]:
            i -= 1
        else:
            j -= 1
    lcs_str.reverse()
    return ''.join(lcs_str), dp[m][n]
```

```
def main():
    X = "AGGTAB"
    Y = "GXTXAYB"
    lcs_str, lcs_length = lcs(X, Y)
    print(f"LCS of {X} and {Y} is {lcs_str} with length {lcs_length}")

if __name__ == "__main__":
    main()
```

解析

1. **lcs 函數**：

   ◦ 定義 DP 表 dp，初始值為 0。

   ◦ 迴圈填充 dp 表，按照遞迴關係更新值。

   ◦ 最後透過回溯方式構建 LCS 字符串。

2. **main 函數**：

   ◦ 定義兩個序列 X 和 Y，調用 lcs 函數計算 LCS，並印出結果。

範例 2：背包問題

背包問題是一個經典的動態規劃問題，其中給定一組物品，每個物品都有一個重量和一個價值，我們希望在不超過背包承重限制的情況下，使得裝入背包的物品總價值最大化。以下是一個解決背包問題的例子：

假設我們有以下物品和重量 / 價值：

物品	重量	價值
1	2	3
2	3	4
3	4	5
4	5	8

```
# 背包的最大承重為 5
# 物品重量和價值
weights = [2, 3, 4, 5]
values = [3, 4, 5, 8]
max_weight = 5

# 物品數量
n = len(values)
```

輸出

```
# Hello, my name is Mary, and I am 21 years old.
# Mary says: 'Hello!'
```

以類別（class）實作樹

二元樹的節點類通常包含一個值和左右子樹，例如：

```
class Node:
def __init__(self, value):
self.value = value
self.left = None
self.right = None
```

使用這個節點類別來建立二元樹。例如，以下程式碼建立了一棵包含五個節點的二元樹：

```
root = Node(1)
root.left = Node(2)
root.right = Node(3)
root.left.left = Node(4)
root.left.right = Node(5)
```

可以使用遞迴的方式來實現許多與二元樹相關的演算法和操作，例如搜尋、插入、刪除、走訪等。

二元樹的走訪包括前序走訪、中序走訪和後序走訪。

1. 前序走訪指的是先訪問節點本身，再遞迴訪問其左子樹和右子樹。
2. 中序走訪指的是先遞迴訪問左子樹，再訪問節點本身，最後遞迴訪問右子樹。
3. 後序走訪指的是先遞迴訪問左子樹和右子樹，最後訪問節點本身。

範例：二元樹建立、新增、追蹤實作

```
# -*- coding: utf-8 -*-
# 建立樹的節點
class Node(object):
    # Initializing to None
    def __init__(self):
        self.left = None
        self.right = None
        self.data = None

# 插入節點至二元搜尋樹中
def insertion(val):
    # 如果是第一個節點
    if(root.data==None):
        print(val," Inserted as root")
        root.data=val
    # 如果不是第一個節點
    else:
        # 尋找空節點
        p=root

        # 建節點放資料
        n = Node()
        n.data=val

        # 找到正確位址
        while True:
            # 比節點資料小，資料將插入至左子樹
            if(val<p.data):
                if(p.left==None):
                    print(val," Inserted on left of ",p.data)
                    p.left=n
                    break
                else:
                    p=p.left
```

```
            # 比節點資料大，資料將插入至右子樹
            else:
                if(p.right==None):
                    print(val," Inserted on right of",p.data)
                    p.right=n
                    break
                else:
                    p=p.right
```

```
root = Node()
insertion(3)
insertion(5)
insertion(7)
insertion(2)
insertion(1)
insertion(6)
```

執行結果

```
#      3
#     / \
#    2   5
#   /     \
#  1       7
#         /
#        6
```

```
def inorder(node):
    if node:
  # 追蹤左子樹
        inorder(node.left)
  # 輸出資料
        print(node.data,end= ' ')
  # Traversing right subtree
  # 追蹤右子樹
        inorder(node.right)

inorder(root)
```

執行結果

```
# 1 2 3 5 6 7
```

```
print()

def postorder(node):
    if node:
        # 追蹤左子樹
        postorder(node.left)
        # 追蹤右子樹
        postorder(node.right)
        # 印出資料
        print(node.data,end=' ')

postorder(root)
```

執行結果

```
# 1 2 6 7 5 3
```

```
print()

def preorder(node):
    if node:
  # Visiting node
        # 輸出資料
        print(node.data,end = ' ')
        # 追蹤左子樹
        preorder(node.left)
        # 追蹤右子樹
        preorder(node.right)
preorder(root)
```

執行結果：

```
# 3 2 1 5 7 6
```

二元搜尋樹

二元搜尋樹（Binary Search Tree）是一種常見的資料結構，其特點是可以快速地插入、刪除、查找元素，並且能夠保持元素有序。

在二元搜尋樹中，每個節點最多有兩個子節點，且左子樹中的所有元素小於節點中的元素，右子樹中的所有元素大於節點中的元素。

範例：二元搜尋樹

```
# 建立樹的節點
class Node(object):
    # 初始為 None
    def __init__(self):
        self.left = None
        self.right = None
        self.data = None
```

```
# 插入節點至二元搜尋樹中
def insertion(val):
    # 如果是第一個節點
    if(root.data==None):
        print(val," Inserted as root")
        root.data=val
    # 如果不是第一個節點
    else:
        # 尋找空節點
        p=root

        # 建節點放資料
        n = Node()
        n.data=val

        # 找到正確位址
        while(1):
```

```
            # 比節點資料小，資料將插入至左子樹
            if(val<p.data):
                if(p.left==None):
                    print(val," Inserted on left of ",p.data)
                    p.left=n
                    break
                else:
                    p=p.left
            # 比節點資料大，資料將插入至右子樹
            else:
                if(p.right==None):
                    print(val," Inserted on right of",p.data)
                    p.right=n
                    break
                else:
                    p=p.right
```

```
root = Node()
insertion(3)
insertion(5)
insertion(7)
insertion(2)
insertion(1)
insertion(6)
```

執行後二元搜尋樹型

```
#       3
#      / \
#    2    5
#   /      \
# 1          7
#           /
#          6
```

```
def inorder(node):
    if node:
  # 追蹤左子樹
        inorder(node.left)
  # 輸出資料
        print(node.data,end= ' ')
  # Traversing right subtree
  # 追蹤右子樹
        inorder(node.right)
```

```
inorder(root)
```

執行結果

```
# 1 2 3 5 6 7
```

```
print()
```

```
def postorder(node):
    if node:
        # 追蹤左子樹
        postorder(node.left)
        # 追蹤右子樹
        postorder(node.right)
        # 印出資料
        print(node.data,end=' ')

postorder(root)
```

執行結果

```
# 1 2 6 7 5 3
```

```
print()
```

```
def preorder(node):
    if node:
  # Visiting node
        # 輸出資料
```

```
        print(node.data,end = ' ')
        # 追蹤左子樹
        preorder(node.left)
        # 追蹤右子樹
        preorder(node.right)
preorder(root)
```

執行結果

```
# 3 2 1 5 7 6
```

6.5 圖形結構應用

以字典實作深度優先搜尋（DFS）

DFS 代表深度優先搜尋，是一個常見的演算法，用於追蹤或搜索圖形或樹狀結構。在 Python 中，可以使用遞迴或使用堆疊來實現 DFS。

範例：使用遞迴實現 DFS

```
# 定義圖形為一個字典
graph = {
    'A': ['B', 'C'],
    'B': ['D', 'E'],
    'C': ['F'],
    'D': [],
    'E': ['F'],
    'F': []
}

visited = set()  # 集合用於追蹤已訪問的節點

def dfs(visited, graph, node):
```

```
    if node not in visited:
        print(node, end=' ')
        visited.add(node)
        for neighbor in graph[node]:
            dfs(visited, graph, neighbor)
```

主程式

```
print("DFS Traversal:")
dfs(visited, graph, 'A')
```

程式碼中，首先定義圖形為一個字典，其中每個鍵表示一個節點，其值是其相鄰節點的清單。然後，建立一個空的集合來追蹤已訪問的節點。

dfs 函式是一個遞迴函式，接收已訪問過的集合、圖形和目前節點。如果目前節點尚未訪問過，它會輸出節點值，將其添加到已訪問的集合中，並在所有相鄰節點上遞迴呼叫 dfs 函式。

在主要程式碼中，我們呼叫 dfs 函式，並以節點 'A' 為起點，輸出將是從節點 'A' 開始的圖形的 DFS 追蹤。

以字典實作廣度優先搜尋（BFS）

廣度優先搜尋（BFS）是一種廣泛使用的演算法，用於追蹤或搜索圖形或樹狀資料結構。BFS 從起點開始，按照節點的層次依序追蹤整個圖形或樹狀結構，也就是先追蹤起點的所有鄰居節點，再追蹤這些節點的鄰居節點，以此類推，直到追蹤完整個圖形或樹狀結構。在 Python 程式語言中，您可以使用佇列（queue）來實現 BFS。

範例：使用佇列實現 BFS

```
# 將圖形定義為字典
graph = {
    'A': ['B', 'C'],
    'B': ['D', 'E'],
```

```
    'C': ['F'],
    'D': [],
    'E': ['F'],
    'F': []
}

visited = set()  # 集合用於追蹤已訪問的節點
queue = []  # 佇列用於按層次追蹤節點
```

```
def bfs(visited, graph, node):
    visited.add(node)
    queue.append(node)

    while queue:
        s = queue.pop(0)  # 取出佇列的第一個節點
        print(s, end=' ')

        for neighbor in graph[s]:
            if neighbor not in visited:
                visited.add(neighbor)
                queue.append(neighbor)
```

主程式

```
print("BFS Traversal:")
bfs(visited, graph, 'A')
```

在此程式中，首先將圖形定義為一個字典，其中每個鍵表示一個節點，其值是其相鄰節點的串列。然後，建立一個空集合來追蹤已訪問的節點，以及一個空佇列來存儲待處理的節點。

bfs 函數將起始節點添加到已訪問集合和佇列中。當佇列不為空時，它從佇列中取出下一個節點，印出節點值並在已訪問集合中添加它。然後，它檢查節點的相鄰節點，如果它們尚未被訪問過，則將它們添加到佇列和已訪問集合中。

在主程式中，在起始節點 "A" 上呼叫 bfs 函數。輸出結果將是從節點 "A" 開始的廣度優先追蹤結果，即 "A"，"B"，"C"，"D"，"E"，"F"。

二元樹（Binary Tree）

二元樹 (Binary Tree) 是一種樹狀結構，每個節點最多只能有兩個子節點。通常將左子節點稱為左子樹，右子節點稱為右子樹。

範例：二元樹

```
#           1
#         /   \
#        2      3
#      / \      / \
#     4    5  6   7
```

其中根節點為 1，左子樹為 2，右子樹為 3 …。

二元樹通常使用指標或引用的方式實現，每個節點通常包含三個屬性：值（value）、左子節點（left）和右子節點（right）。

```
# 定義二元樹節點
class Node:
    def __init__(self, val=0, left=None, right=None):
        self.val = val
        self.left = left
        self.right = right
```

其中，TreeNode 表示二元樹的節點，val 表示節點的值，left 和 right 分別表示節點的左右子節點。

範例：建立二元樹

```
# 建立二元樹
#     1
#    / \
```

```
#   2   3
#  / \  /
# 4   5 6
root = Node(1)
root.left = Node(2)
root.right = Node(3)
root.left.left = Node(4)
root.left.right = Node(5)
root.right.left = Node(6)
```

深度優先 DFS 搜尋法

深度優先搜尋（DFS）是一種用來追蹤或搜尋樹狀結構或圖形的演算法。

假設有一個圖形如下所示：

```
#    A
#   / \
# B    C
#     / \
#    D   E
```

以 DFS 的方式追蹤這個圖形的過程可以描述為：

- 從節點 A 開始追蹤，將 A 標記為已訪問。
- 追蹤 A 的相鄰節點 B，將 B 標記為已訪問。
- 因為 B 沒有相鄰的未訪問節點，返回 A。
- 追蹤 A 的相鄰節點 C，將 C 標記為已訪問。
- 追蹤 C 的相鄰節點 D，將 D 標記為已訪問。
- 因為 D 沒有相鄰的未訪問節點，返回 C。
- 追蹤 C 的相鄰節點 E，將 E 標記為已訪問。
- 因為 E 沒有相鄰的未訪問節點，返回 C。

- 因為 C 的所有相鄰節點都已訪問過，返回 A。
- 追蹤完整個圖形。

在上面的例子中，DFS 的追蹤順序是 A、B、C、D、E。在追蹤過程中，每個節點都被標記為已訪問，以避免重複訪問。

範例：使用深度優先搜尋演算法走訪二元樹

```
# 定義二元樹節點
class Node:
    def __init__(self, val=0, left=None, right=None):
        self.val = val
        self.left = left
        self.right = right

# 深度優先搜尋演算法
def dfs(node):
    if not node:
        return
    print(node.val,end=' ')
    dfs(node.left)
    dfs(node.right)

# 建立節點
root = Node(1)
nodedata = [0,1,2,3,4,5,6,7]
node = [Node(i) for i in nodedata]

# 連接節點
root.left = node[2]
root.right = node[3]
node[2].left = node[4]
node[2].right = node[5]
node[3].left = node[6]
node[3].right = node[7]
```

```python

dfs(root)
```

執行結果

```
#1 2 4 5 3 6 7
```

廣度優先 BFS 搜尋法

BFS 法是一種廣度優先搜尋演算法，常被用於解決圖形問題。它通常從圖中的一個起點開始，逐層地搜尋相鄰的節點，直到找到目標節點或者所有節點都被搜尋過。

BFS 法優先搜索離起點近的節點，因此可以找到從起點開始的最短路徑。

BFS 法從起點開始搜尋，將其所有相鄰的節點加入一個佇列中，並將這些節點的狀態設為「已搜尋」。然後，從佇列中取出一個節點，檢查其是否是目標節點，如果是則搜尋結束，否則將其所有相鄰的未搜尋節點加入佇列中。重複這個過程，直到佇列中沒有未搜尋節點或者找到目標節點為止。

BFS 法可以保證找到從起點開始的最短路徑，但是其空間複雜度較高，需要維護一個佇列。此外，如果圖中存在環路，BFS 法可能會陷入無限循環，因此需要對已搜尋的節點進行標記，避免重複搜尋。

範例：BFS 使用佇列實作

```python
# 定義二元樹節點
class Node:
    def __init__(self, val=0, left=None, right=None):
        self.val = val
        self.left = left
        self.right = right
```

```python
# 廣度優先搜尋演算法
def bfs(node):
```

```
    if not node:
        return

    queue = [node]

    while queue:
        cur_node = queue.pop(0)
        print(cur_node.val, end=' ')

        if cur_node.left:
            queue.append(cur_node.left)

        if cur_node.right:
            queue.append(cur_node.right)
```

```
# 建立節點
root = Node(1)
nodedata = [0,1,2,3,4,5,6,7]
node = [Node(i) for i in nodedata]
```

```
# 連接節點
root.left = node[2]
root.right = node[3]
node[2].left = node[4]
node[2].right = node[5]
node[3].left = node[6]
node[3].right = node[7]

bfs(root)
```

執行結果

```
# 1 2 3 4 5 6 7
```

以上程式碼為以 BFS 法改寫的範例，執行結果，順序為樹的廣度優先順序。

6.6 指標

很多學過 C 的人，都覺得指標很難，試著理解她，慢慢會有概念，一段時間過後，再看一遍，常會有突然懂了的驚喜。目標是觀念題型 4、5 級分的夥伴，就更要好好唸一下了。

在 C 語言中，指標是一個強大且靈活的工具，能夠直接操作記憶體地址。理解指標的基本概念對於有效地使用 C 語言非常重要。以下是指標的基本概念：

指標的定義

- **指標變數**：指標變數是一種變數，其值是另一個變數的地址。

```
int *ptr;  // 定義一個指向 int 型變數的指標
```

指標的賦值與取值

- **指標賦值**：使用 & 符號取得變數的地址，並將其賦值給指標變數。

```
int a = 10;
int *ptr = &a;  // ptr 現在指向變數 a 的地址
```

- **指標取值**：使用 * 符號（解引用操作）來取得指標所指向地址中的值。

```
int value = *ptr;  // 取得 ptr 所指向的變數 a 的值，即 10
```

指標與陣列

- **指標與一維陣列**：陣列名本身就是指向陣列首元素的指標。

```
int arr[3] = {1, 2, 3};
int *p = arr;  // p 指向陣列 arr 的首地址
int firstElement = *p;  // 取得 arr[0] 的值，即 1
int secondElement = *(p + 1);  // 取得 arr[1] 的值，即 2
```

- **指標與字串（字元陣列）**：字串實質上是以 \0 結尾的字元陣列，指標可以用來遍歷字串。

```
char str[] = "Hello";
char *p = str;   // p 指向字串的首字元
char firstChar = *p;   // 取得 'H'
```

指標與函數

- **指標作為函數參數**：指標可以作為函數參數，實現傳址調用（call by reference）。

```
void increment(int *p) {
    (*p)++;
}
```

```
int main() {
    int a = 5;
    increment(&a);   // 將變數 a 的地址傳遞給函數
    printf("%d\n", a);   // 輸出 6
    return 0;
}
```

動態記憶體配置

- **動態記憶體配置**：使用 malloc、calloc 和 free 等函數進行動態記憶體管理。

```
int *p = (int *)malloc(sizeof(int));   // 動態分配一個 int 型變數的記憶體空間
if (p != NULL) {
    *p = 20;
    printf("%d\n", *p);   // 輸出 20
    free(p);   // 釋放動態分配的記憶體
}
```

指標運算

- **指標運算**：指標可以進行算術運算，這在陣列操作中非常常見。

```
int arr[3] = {1, 2, 3};
int *p = arr;
p++;  // p 現在指向 arr[1]
int secondElement = *p;  // 取得 arr[1] 的值，即 2
```

指標概念整理

概念類型	說明	例子
指標變數定義	定義指向特定類型變數的指標	`int *ptr;`
指標賦值	將變數的地址賦值給指標變數	`int *ptr = &a;`
指標取值	取得指標所指向地址中的值	`int value = *ptr;`
指標與一維陣列	陣列名作為指標使用	`int *p = arr;`
指標與字串	字串作為字元指標使用	`char *p = str;`
指標作為函數參數	指標傳遞實現傳址調用	`void increment(int *p) { (*p)++; }`
動態記憶體配置	使用 malloc、free 等函數進行管理	`int *p = (int *)malloc(sizeof(int));`
指標運算	指標加減操作	`p++;`

指標考題範例

想超越觀念題 4 級分，就要好好研究一下了！

範例 1：交換兩個整數的值

- **程式功能**：交換兩個整數變數的值

```
#include <stdio.h>
void swap(int *a, int *b) {
```

```c
    int temp = *a;
    *a = *b;
    *b = temp;
}

int main() {
    int x = 5, y = 10;
    swap(&x, &y);
    printf("x = %d, y = %d\n", x, y);
    return 0;
}
```

執行結果

```
x = 10, y = 5
```

程式解析

- swap 函數接受兩個整數指標，交換這兩個指標所指向的值。
- 在 main 函數中，使用 & 符號傳遞變數 x 和 y 的地址給 swap 函數。

範例 2：指標與陣列

- **程式功能**：計算陣列元素的總和

```c
#include <stdio.h>
int sum(int *arr, int size) {
    int total = 0;
    for (int i = 0; i < size; i++) {
        total += *(arr + i);
    }
    return total;
}

int main() {
    int array[5] = {1, 2, 3, 4, 5};
```

```
    printf("Sum = %d\n", sum(array, 5));
    return 0;
}
```

執行結果

```
Sum = 15
```

程式解析

- sum 函數接受一個整數指標 arr 和陣列大小 size，計算並返回陣列元素的總和。
- 在 main 函數中，將陣列 array 的地址傳遞給 sum 函數。

範例 3：字串反轉

- **程式功能**：反轉一個字串

```
#include <stdio.h>
#include <string.h>
void reverse(char *str) {
    int length = strlen(str);
    for (int i = 0; i < length / 2; i++) {
        char temp = str[i];
        str[i] = str[length - 1 - i];
        str[length - 1 - i] = temp;
    }
}

int main() {
    char str[] = "hello";
    reverse(str);
    printf("Reversed string: %s\n", str);
    return 0;
}
```

執行結果

```
Reversed string: olleh
```

程式解析

- reverse 函數接受一個字串指標 str，並反轉這個字串。
- 在 main 函數中，將字串 str 傳遞給 reverse 函數。

範例 4：指標運算

- **程式功能**：使用指標進行運算

```c
#include <stdio.h>
int main() {
    int x = 5, y = 10;
    int *p1 = &x, *p2 = &y;
    int sum = *p1 + *p2;
    printf("Sum = %d\n", sum);
    return 0;
}
```

執行結果

```
Sum = 15
```

程式解析

- 定義兩個整數指標 p1 和 p2，分別指向變數 x 和 y。
- 計算指標所指向的值的和。

範例 5：指標陣列

- **程式功能**：使用指標陣列存取字串

```c
#include <stdio.h>
int main() {
    char *arr[] = {"Hello", "World", "C programming"};
```

```
    for (int i = 0; i < 3; i++) {
        printf("%s\n", arr[i]);
    }
    return 0;
}
```

執行結果

```
Hello
World
C programming
```

程式解析

- 定義一個指標陣列 arr，存儲字串指標。
- 使用迴圈輸出每個字串。

範例 6：指標與字串

- **程式功能**：使用指標操作字串

```
#include <stdio.h>
int main() {
    char str[] = "Hello, World!";
    char *p = str;
    while (*p != '\0') {
        printf("%c", *p);
        p++;
    }
    printf("\n");
    return 0;
}
```

執行結果

```
Hello, World!
```

程式解析

- 定義一個字串 str，並用指標 p 指向它。
- 使用迴圈和指標輸出字串的每個字符。

範例 7：指標與陣列元素

- **程式功能**：使用指標存取陣列元素

```
#include <stdio.h>
int main() {
    int arr[5] = {1, 2, 3, 4, 5};
    int *p = arr;
    for (int i = 0; i < 5; i++) {
        printf("%d ", *(p + i));
    }
    printf("\n");
    return 0;
}
```

執行結果

```
1 2 3 4 5
```

程式解析

- 定義一個整數陣列 arr，並用指標 p 指向它。
- 使用指標和位移存取陣列的每個元素並輸出。

範例 8：指標與常數字串

- **程式功能**：使用指標存取常數字串

```
#include <stdio.h>
int main() {
    char *str = "Hello, World!";
    while (*str != '\0') {
```

```
        printf("%c", *str);
        str++;
    }
    printf("\n");
    return 0;
}
```

執行結果

```
Hello, World!
```

程式解析

- 定義一個指標 str，指向常數字串 "Hello, World!"。
- 使用迴圈和指標輸出字串的每個字符。

& 和 * 符號在指標操作的用法

& 符號

- **取地址運算符**：用來取得變數的記憶體位址。
- **使用方式**：& 變數名
- **例子**：

```
int a = 10;
int *p;
p = &a;   // p 現在儲存的是變數 a 的記憶體位址
```

* 符號

- **解引用運算符**：用來取得指標所指向的變數值。
- **使用方式**：* 指標變數名

- **例子**：

```
int a = 10;
int *p;
p = &a;
printf("%d", *p);  // 輸出 10
```

- **定義指標變數**：用來宣告一個指標變數。
- **使用方式**：type * 指標變數名
- **例子**：

```
int *p;  // 宣告一個指向整數的指標變數 p
```

範例 9：& 和 * 符號在指標操作的用法

```
#include <stdio.h>
int main() {
    int a = 10;     // 宣告整數變數 a 並賦值為 10
    int *p;         // 宣告指向整數的指標變數 p
    p = &a;         // 將 a 的記憶體位址賦值給 p

    printf("a 的值： %d\n", a);      // 輸出 a 的值，結果為 10
    printf("a 的位址： %p\n", &a);  // 輸出 a 的記憶體位址
    printf("p 儲存的位址： %p\n", p);  // 輸出 p 儲存的位址，應與 &a 相同
    printf("*p 的值： %d\n", *p);    // 輸出 *p 的值，結果為 10 (p 指向的變數值）

    return 0;
}
```

小結

- & 符號用來取得變數的記憶體位址。
- * 符號用來引用指標變數，取得指標所指向的變數值，也用來宣告指標變數。

指標考題整理

考題類型	例題描述	解析重點
基本指標操作	修改變數值	指標賦值與取值操作
指標與陣列	修改陣列元素	指標與陣列地址運算
指標作為函數參數	修改變數值	指標傳遞與指標解引用
動態記憶體配置	動態分配與釋放記憶體	malloc 與 free 函數使用

CHAPTER

7

APCS 實例演習（II）

APCS 實例演習 II，是進一步提升程式技能和問題解決能力的關鍵環節。透過更深入的練習和實戰，強化已有的基礎知識，提升複雜問題的解決能力，熟悉更加多樣化的考試題型，為 APCS 考試實作題的高分奠定堅實基礎。

範例：矩陣轉換

問題描述

矩陣是將一群元素整齊的排列成一個矩形，在矩陣中的橫排稱為列 (row)，直排稱為行 (column)，其中以 X_{ij} 來表示矩陣 X 中的第 i 列第 j 行的元素。如圖一中，$X_{32} = 6$。

我們可以對矩陣定義兩種操作如下：

翻轉：即第一列與最後一列交換、第二列與倒數第二列交換、...依此類推。
旋轉：將矩陣以順時針方向轉 90 度。

例如：矩陣 X 翻轉後可得到 Y，將矩陣 Y 再旋轉後可得到 Z。

X

1	4
2	5
3	6

Y

3	6
2	5
1	4

Z

1	2	3
4	5	6

圖一

一個矩陣 A 可以經過一連串的旋轉與翻轉操作後，轉換成新矩陣 B。如圖二中，A 經過翻轉與兩次旋轉後，可以得到 B。給定矩陣 B 和一連串的操作，請算出原始的矩陣 A。

A →（翻轉）→（旋轉）→（旋轉）→ B

A

1	1
1	3
2	1

翻轉 →

2	1
1	3
1	1

旋轉 →

1	1	2
1	3	1

旋轉 → B

1	1
3	1
1	2

圖二

```
    if len(p)>1:
        # 如果項中包含次數，則將係數添加到字典 r 中
        if p[1] in r:
            r[p[1]] += int(p[0])
        else:
            r[p[1]] = int(p[0])
    else:
        # 如果項中不包含次數，則將係數添加到字典 r 中次數為 0 的項
        if 0 in r:
            r[0]+=p[0]
        else:
            r[0]=p[0]

# 處理 q 中的每個項
for q in ql:
    # 將項分割為係數和次數，
    # 例如 '2*x^3' 分割為 [2, 3]，'6' 分割為 [6]
    q =[int(i) for i in q.split('*x^')]
    if len(q)>1:
        # 如果項中包含次數，則將係數添加到字典 r 中
        if q[1] in r:
            r[q[1]] += int(q[0])
        else:
            r[q[1]] = int(q[0])
    else:
        # 如果項中不包含次數，則將係數添加到字典 r 中次數為 0 的項
        if 0 in r:
            r[0]+=q[0]
        else:
            r[0]=q[0]

# 將字典 r 轉換為降冪排序的項
d =[ [k,v] for k,v in r.items()]
d.sort()
d.reverse()
```

```
# 將項轉換為字串形式
sss = []
for i in d:
    sss.append(str(i[1]) + '*x^' + str(i[0]))
sss = '+'.join(sss)

# 輸出相加運算結果
print('p+q = ' + sss[:-4])
```

```
#  p 和 q 乘法運算
if len(pl[-1])==1:
    pl[-1]=pl[-1]+'*x^0'
if len(ql[-1])==1:
    ql[-1]=ql[-1]+'*x^0'

pl = [i.split('*x^') for i in pl]
ql = [i.split('*x^') for i in ql]

pl = [[int(j) for j in i] for i in pl]
ql = [[int(j) for j in i] for i in ql]
```

```
# 將 p 和 q 的每一項相乘
r1 = []
lp = len(pl)
lq = len(ql)
for i in range(lp):
    for j in range(lq):
        r1.append([pl[i][0]*ql[j][0],pl[i][1]+ql[j][1]])
```

```
# 將每一項的係數加總，得到最終的多項式
r = {}
for i in r1:
    if i[1] in r:
        r[i[1]]+=i[0]
    else:
        r[i[1]]=i[0]
```

CHAPTER

8

觀摩題

透過觀摩經典範例，能夠鞏固基礎知識、提升解題技巧，熟悉考試形式，為 APCS 考試高分做好更充分準備。

範例：一元多次方程式的加法和乘法運算

這個程式是用來進行一元多次方程式的加法和乘法運算。程式中有兩個方程式，p 和 q，我們需要求它們的和 p+q 和積 p*q。

```
# -*- coding: utf-8 -*-

# p = 2*x^5 + 3*x^2 + 2*x^1 + 5
# q = 2*x^3 + 3*x^1 + 6
# p+q = ?
# p*q = ?
# ans: 2*x^5 + 2*x^3 + 3*x^2 + 5*x^1+ 11
```

```
# 定義 p 和 q 兩個多項式
p = '2*x^5 + 3*x^2 + 2*x^1 + 5'
q = '2*x^3 + 3*x^1 + 6'
```

```
# 列印 p 和 q
print('p=' + p)
print('q=' + q)
```

```
# 將 p 和 q 字串分割為項
pl = p.replace(' ','').split('+')
ql = q.replace(' ','').split('+')

# 建立一個字典 r，用於儲存多項式中每個項的係數
r = {}
```

```
# 處理 p 中的每個項
for p in pl:
    # 將項分割為係數和次數，
    # 例如 '2*x^5' 分割為 [2, 5]，'5' 分割為 [5]
    p =[int(i) for i in p.split('*x^')]
```

輸入格式

第一行有三個介於 1 與 10 之間的正整數 R, C, M。接下來有 R 行(line)是矩陣 B 的內容，每一行(line)都包含 C 個正整數，其中的第 i 行第 j 個數字代表矩陣 B_{ij} 的值。在矩陣內容後的一行有 M 個整數，表示對矩陣 A 進行的操作。第 k 個整數 m_k 代表第 k 個操作，如果 $m_k=0$ 則代表旋轉，$m_k=1$ 代表翻轉。同一行的數字之間都是以一個空白間格，且矩陣內容為 0~9 的整數。

輸出格式

輸出包含兩個部分。第一個部分有一行，包含兩個正整數 R' 和 C'，以一個空白隔開，分別代表矩陣 A 的列數和行數。接下來有 R' 行，每一行都包含 C' 個正整數，且每一行的整數之間以一個空白隔開，其中第 i 行的第 j 個數字代表矩陣 A_{ij} 的值。每一行的最後一個數字後並無空白。

範例一：輸入

```
3 2 3
1 1
3 1
1 2
1 0 0
```

範例一：正確輸出

```
3 2
1 1
1 3
2 1
```

（說明）

如圖二所示

範例二：輸入

```
3 2 2
3 3
2 1
1 2
0 1
```

範例二：正確輸出

```
2 3
2 1 3
1 2 3
```

（說明）

2	1	3
1	2	3

旋轉 →

1	2
2	1
3	3

翻轉 →

3	3
2	1
1	2

評分說明

輸入包含若干筆測試資料，每一筆測試資料的執行時間限制(time limit)均為 2 秒，依正確通過測資筆數給分。其中：

第 1 子題組 30 分，其每個操作都是翻轉。

第 2 子題組 70 分，操作有翻轉也有旋轉。

\# 定義函式 tt，用來將傳進來的參數 a 反轉

```
def tt(a):
    return a[::-1]
```

```
# 定義一個二維串列 a，裡面有 4 個子串列
a = [[1,1,8],
     [1,3,7],
     [2,1,6],
     [5,6,5]]

# 印出串列 a
print(a)

# 將串列 a 傳入 tt 函式中，反轉後儲存到變數 cur 中
cur = tt(a)

# 印出反轉後的 cur 串列
print(cur)

# 定義函式 rr，用來將傳進來的二維串列 a 逆時針旋轉 90 度
def rr(a):
    m = len(a[0])    # 取得二維串列的列數，也就是每個子串列的長度
    n = len(a)       # 取得二維串列的行數，也就是子串列的個數
    b = [[0 for i in range(n)] for j in range(m)]  # 建立一個新的二維串列 b，並初始化為全 0
    for i in range(m):
        for j in range(n):
            b[i][j] = a[n-1-j][i]    # 將 a 旋轉後的元素放進 b 中
    return b

# 將 cur 傳入 rr 函式中逆時針旋轉 90 度，並儲存回 cur 中
cur = rr(cur)
# 印出旋轉後的 cur 串列
print(cur)

# 再次將 cur 逆時針旋轉 90 度，並儲存回 cur 中
cur = rr(cur)
# 印出旋轉後的 cur 串列
print(cur)
```

範例：棒球遊戲

問題描述

謙謙最近迷上棒球，他想自己寫一個簡化的棒球遊戲計分程式。這個程式會讀入球隊中每位球員的打擊結果，然後計算出球隊的得分。

這是個簡化版的模擬，假設擊球員的打擊結果只有以下情況：

(1) 安打：以 1B, 2B, 3B 和 HR 分別代表一壘打、二壘打、三壘打和全（四）壘打。

(2) 出局：以 FO, GO, 和 SO 表示。

這個簡化版的規則如下：

(1) 球場上有四個壘包，稱為本壘、一壘、二壘和三壘。

(2) 站在本壘握著球棒打球的稱為「擊球員」，站在另外三個壘包的稱為「跑壘員」。

(3) 當擊球員的打擊結果為「安打」時，場上球員（擊球員與跑壘員）可以移動；結果為「出局」時，跑壘員不動，擊球員離場，換下一位擊球員。

(4) 球隊總共有九位球員，依序排列。比賽開始由第 1 位開始打擊，當第 i 位球員打擊完畢後，由第 (i+1) 位球員擔任擊球員。當第九位球員完畢後，則輪回第一位球員。

(5) 當打出 K 壘打時，場上球員（擊球員和跑壘員）會前進 K 個壘包。從本壘前進一個壘包會移動到一壘，接著是二壘、三壘，最後回到本壘。

(6) 每位球員回到本壘時可得 1 分。

(7) 每達到三個出局數時，一、二和三壘就會清空（跑壘員都得離開），重新開始。

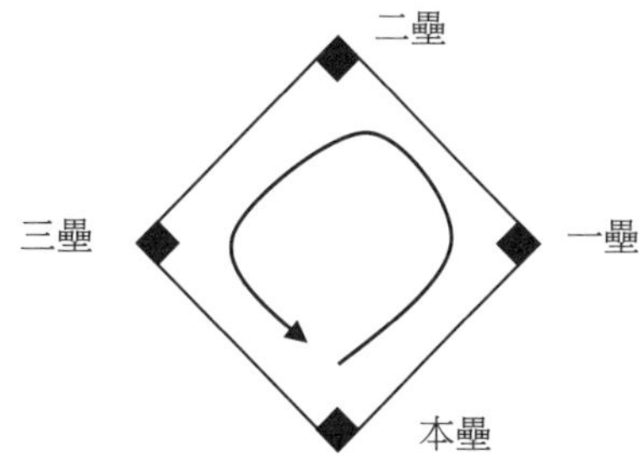

現在請你也寫出具備這樣功能的程式，計算球隊的總得分。

輸入格式

1. 每組測試資料固定有十行。
2. 第一到九行，依照球員順序，每一行代表一位球員的打擊資訊。每一行開始有一個正整數 a $(1 \le a \le 5)$，代表球員總共打了 a 次。接下來有 a 個字串（均為兩個字元），依序代表每次打擊的結果。資料之間均以一個空白字元隔開。球員的打擊資訊不會有錯誤也不會缺漏。
3. 第十行有一個正整數 b $(1 \le b \le 27)$，表示我們想要計算當總出局數累計到 b 時，該球隊的得分。輸入的打擊資訊中至少包含 b 個出局。

輸出格式

計算在總計第 b 個出局數發生時的總得分，並將此得分輸出於一行。

範例一：輸入

```
5 1B 1B FO GO 1B
5 1B 2B FO FO SO
4 SO HR SO 1B
4 FO FO FO HR
4 1B 1B 1B 1B
4 GO GO 3B GO
4 1B GO GO SO
4 SO GO 2B 2B
4 3B GO GO FO
3
```

範例一：正確輸出

```
0
```

（說明）

1B：一壘有跑壘員。
1B：一、二壘有跑壘員。
SO：一、二壘有跑壘員，一出局。
FO：一、二壘有跑壘員，兩出局。
1B：一、二、三壘有跑壘員，兩出局。
GO：一、二、三壘有跑壘員，三出局。

達到第三個出局數時，一、二、三壘均有跑壘員，但無法得分。因為 b = 3，代表三個出局就結束比賽，因此得到 0 分。

範例二：輸入

```
5 1B 1B FO GO 1B
5 1B 2B FO FO SO
4 SO HR SO 1B
4 FO FO FO HR
4 1B 1B 1B 1B
4 GO GO 3B GO
4 1B GO GO SO
4 SO GO 2B 2B
4 3B GO GO FO
6
```

範例二：正確輸出

```
5
```

（說明）接續範例一，達到第三個出局數時未得分，壘上清空。

1B：一壘有跑壘員。
SO：一壘有跑壘員，一出局。
3B：三壘有跑壘員，一出局，得一分。
1B：一壘有跑壘員，一出局，得兩分。
2B：二、三壘有跑壘員，一出局，得兩分。
HR：一出局，得五分。
FO：兩出局，得五分。
1B：一壘有跑壘員，兩出局，得五分。
GO：一壘有跑壘員，三出局，得五分。

因為 b = 6，代表我們要計算的是累積六個出局時的得分，因此在前 3 個出局數時得 0 分，第 4~6 個出局數得到 5 分，因此總得分是 0+5=5 分。

評分說明

輸入包含若干筆測試資料，每一筆測試資料的執行時間限制(time limit)均為 1 秒，依正確通過測資筆數給分。其中：

第 1 子題組 20 分，打擊表現只有 HR 和 SO 兩種。
第 2 子題組 20 分，安打表現只有 1B，而且 b 固定為 3。
第 3 子題組 20 分，b 固定為 3。
第 4 子題組 40 分，無特別限制。

```
# 輸入比賽資訊，最後一行為局數
ins = '''
5 1B 1B FO GO 1B
5 1B 2B FO FO SO
```

```
4 SO HR SO 1B
4 FO FO FO HR
4 1B 1B 1B 1B
4 GO GO 3B GO
4 1B GO GO SO
4 SO GO 2B 2B
4 3B GO GO FO
6
'''
```

```
# 將每一局的比賽資訊分開存放到一個串列中
d1 = [ i for i in ins.strip().split('\n') ]
# 取出最後一行的局數，並移除
b = int(d1[-1])
d1.pop()
# 將每一局的比賽資訊再分解成每一個打者的比賽資訊存放到一個二維串列中
d2 = [[j for j in i.split()] for i in d1]
```

```
# 取出每一個打者的結果，存放到一個串列中
d = []
for i in range(1,6):
    for j in range(9):
        if int(d2[j][0])>= i:
            d.append(d2[j][i])
```

```
# 函數 aB(n)：處理打者 n 個壘打到的結果
def aB(n):
    global score
    p.append(1)
    for i in range(n-1):
        p.append(0)

    for i in range(n):
        c = p.pop(0)
        score = score + c
```

```
# 函數 hr()：處理全壘打的結果
def hr():
    global score
    global p
    score = score + sum(p)+1
    p=[0,0,0]
```

主程式

```
score = 0
p = [0,0,0] # 記錄三個壘上的狀況，0 表示沒人在該壘，1 表示有人在該壘
out = 0 # 記錄出局數
bc = 0 # 記錄投球數
for i in range(len(d)):
    cur = d.pop(0) # 取出當前打者的比賽結果
    if cur[0] in '123' :
        aB(int(cur[0])) # 處理當前打者的比賽結果
    elif cur[1]=='O':
        out+=1 # 增加出局數
        bc+=1 # 增加投球數
    elif cur == 'HR': hr() # 處理全壘打的比賽結果

    if out ==3 :
        out==0 # 重置出局數
        p = [0,0,0] # 重置三個壘上的狀況
    if b == bc: break # 若已投滿規定的投球數，則停止比賽
print(score) # 輸出比賽得分
```

```
for d in range(1,10):
    hit = 0
    for i in range(n**d):
        x = random.random()
        y = random.random()
        if x*x + y*y < 1:hit+=1
    print(4*hit/n**d)
```

執行結果

```
# 4.0
# 3.32
# 3.124
# 3.154
# ...
# ...
```

這段程式是使用蒙地卡羅方法來求解圓周率 (pi) 值的近似解。

1. 接受一個參數 d，代表使用幾個維度來進行蒙地卡羅模擬。在每個維度中，隨機產生 n 個點。
2. 在每個點上計算 x^2 + y^2 的值，若小於 1，則代表該點在圓內。
3. 紀錄在圓內的點的數量 hit。
4. 計算 pi 值的近似解為 4 * hit / n^d。
5. 重複以上步驟，並在每次迭代結束時印出 pi 值的近似解。
6. 程式中的 random.random() 函式會產生一個 0 到 1 之間的隨機浮點數。因此，程式中的 x 和 y 變數會分別被賦予一個 0 到 1 之間的隨機值。

程式中的 print 會印出 pi 值的近似解。隨著 d 增加，pi 值的近似解會越來越準確。當 d 趨近於無窮大時，pi 值的近似解會趨近於真實的 pi 值。

```
# 將多項式轉換為字串形式
d =[ [k,v] for k,v in r.items()]
d.sort()
d.reverse()
sss = []
for i in d:
    sss.append(str(i[1]) + '*x^' + str(i[0]))
sss = '+'.join(sss)
```

```
# 輸出乘法運算結果
print('p*q = ' + sss[:-4])
```

執行結果

```
# p=2*x^5 + 3*x^2 + 2*x^1 + 5
# q=2*x^3 + 3*x^1 + 6
# p+q = 2*x^5+2*x^3+3*x^2+5*x^1+11
# p*q = 4*x^8+6*x^6+18*x^5+4*x^4+19*x^3+24*x^2+27*x^1+30
```

程式首先將方程式 p 和 q 的係數和指數分離出來，並把相同指數的係數相加，最後再依照指數大小排序，輸出 p+q 和 p*q 的答案。

在乘法部分，程式將方程式 p 和 q 每一項的係數和指數分離出來，然後依序進行乘法運算，最後再按指數大小排序，輸出 p*q 的答案。

範例：蒙地卡羅法求 pi 值程式

蒙地卡羅方法是一種利用隨機數來進行數值模擬和計算的方法，可用於求解許多數學、物理、工程等領域中的問題。其中，蒙地卡羅方法求解圓周率 (pi) 值是其中一個經典的應用之一。

蒙地卡羅方法求解圓周率 (pi) 值的基本思想是：假設有一個半徑為 r 的圓形，以及一個正方形，其邊長為 2r，則圓形和正方形的面積比為 pi/4。因此，如果我們能夠在正方形內生成一些隨機點，再計算有多少點落在圓形內，就可以利用比例得到 pi/4 的估計值，進而求得 pi 值的近似解。

```
        # 如果 p 和 q 在不同位置上有相同的數字，B+1
        elif p[i] in q:
            B += 1
    # 印出 A 和 B 的結果
    print(f'{A}A{B}B')
```

執行結果

```
4A0B
3A0B
0A4B
2A2B
0A0B
```

範例：最長上升子序列（LIS）

```
def lis(nums):
    if not nums:
        return 0
    n = len(nums)
    dp = [1] * n

    for i in range(1, n):
        for j in range(i):
            if nums[j] < nums[i]:
                dp[i] = max(dp[i], dp[j] + 1)

    return max(dp)

nums = [5, 2, 7, 1, 9, 8, 4, 6]
print(lis(nums))
```

解析

- 如果串列為空，返回 0。
- 計算串列的長度。
- 建立一個長度為 n 的串列 dp，並將每個元素都初始化為 1。

範例：題目：XAXB 猜數字遊戲

這是一個猜數字的遊戲，其中 p 為正確的數字組合，q 為玩家所猜測的數字組合，ac 代表位置和數字都猜對的數量，bc 代表數字猜對但位置不對的數量。根據這個程式，玩家猜測的數字組合分別為 1235、4321、4231、5678，其中：

1. 當玩家猜測 1235 時，正確的數字組合有 1, 2, 3, 4，其中數字 4 的位置也正確，因此 ac=4，bc=0。
2. 當玩家猜測 4321 時，正確的數字組合有 1, 2, 3, 4，但是位置都不對，因此 ac=0，bc=4。
3. 當玩家猜測 4231 時，正確的數字組合有 1, 2, 3, 4，其中數字 2 和 3 的位置正確，因此 ac=2，bc=2。
4. 當玩家猜測 5678 時，正確的數字組合都不在其中，因此 ac=0，bc=0。

- 題目要求：給定一個 4 位數字 p 和一個可能與 p 相同的數字 q，找出幾個數字在相同的位置上（A），以及幾個數字在不同的位置上（B）
- 例如：p=1234, q=4321, 因為 1 和 3 是不同位置上的數字，所以 B=2；而 4 是相同位置上的數字，所以 A=1，算出 1A2B。

```
# 定義正確答案 p
p = '1234'
```

```
# 嘗試各種可能的 q
for q in ['1234', '1235', '4321', '4231', '5678']:
    # 初始化 A 和 B 的計數
    A = 0
    B = 0
    # 追蹤 p 的每個數字
    for i in range(4):
        # 如果 p 和 q 在相同位置上有相同的數字，A+1
        if p[i] == q[i]:
            A += 1
```

- 計算以當前元素為結尾的最大子序和，並將其存儲在 dp[i] 中。dp[i - 1] 表示以前一個元素為結尾的最大子序和，如果 dp[i - 1] 小於 0，則將其設置為 0。如果前一個元素對後面的子序列和是負的，那麼前一個元素就不應該納入後面的子序列和。如果 dp[i - 1] 大於等於 0，則將當前元素加上 dp[i - 1] 作為當前最大子序和。
- 更新 max_sum 為當前最大子序和，和之前的最大子序和之間的較大值。
- 返回最大子序和。

執行結果

```
# 36
```

範例：漢明距離

- **類別說明**：

1. 類別名稱：Hamming
2. 靜態方法：

(1) toBin(num), 將輸入值轉為二進位

- 傳入值型態：int
- 回傳值型態：str
- 回傳值說明：將 num 轉為 20 個位數的二進位（不足時補前導 0）
- 例如：50 轉成 00000000000000110010
  100 轉成 00000000000001100100

(2) distance(num1, num2), 計算漢明距離

- 傳入值型態：int, int
- 回傳值型態：int
- 回傳值說明：num1 及 num2 的漢明距離

什麼是漢明距離？

- 漢明距離是 2 個數的二進位數有多少個相同位置上的值不同。
- 例如：'100110' 和 '101011' 共有 3 個位置的值不同，漢明距離 =3。

主程式說明

- **(1) 輸入**：由鍵盤輸入測試值並轉成 int 型態
- **(2) 處理**：呼叫 Number 的各靜態方法
- **(3) 輸出**：印出各回傳值
  - 測試 (1)
    - 輸入：50 100
    - 輸出：

      00000000000000110010 (50 的二進位碼)

      00000000000001100100 (100 的二進位碼)
  - 測試 (2)
    - 輸入：100 986895
    - 輸出：

      00000000000001100100

      11110000111100001111

      13

資料來源：https://zerojudge.ntub.tw/team

```
def toBin(n):
    s = ''
    while n>0:
        s =  str(n%2)+s
        n = n//2
```

```
    s = '0'*(20-len(s)) +  s
    return s
def distance(s1,s2):
    d = 0
    for i in range(20):
        if s1[i]!=s2[i]:
            d+=1
    return d
s = [int(i) for i in input().split()]
s1 = toBin(s[0])
s2 = toBin(s[1])
print(s1)
print(s2)
print(distance(s1,s2))
```

解析

1. 定義了兩個函數 toBin 和 distance，並且使用了這兩個函數來計算兩個數字在二進位下的差距。

2. 函數 toBin 接收一個整數 n 作為參數，並回傳一個 20 位的二進位字串，代表 n 的二進位表示。函數透過不斷取 n 的二進位最低位數字，得到 n 的二進位表示，然後將其轉換為字串形式回傳。如果 n 的二進位表示不足 20 位，該函數會在回傳的字串前面添加 0，直到該字串長度為 20。

3. 函數 distance 接收兩個 20 位的二進位字串 s1 和 s2 作為參數，並回傳它們的漢明距離。漢明距離是指兩個等長字串中對應位置上不同字元的個數。該函數透過追蹤兩個字串中的每個字元，比較它們的值，並計算不同字元的個數，最後回傳這個數量。

4. 主程式部分首先讀取一個包含兩個整數的串列 s，然後分別呼叫 toBin 函數，將這兩個整數轉換為 20 位的二進位字串。將這兩個二進位字串輸出，並呼叫 distance 函數來計算它們的漢明距離，並將結果輸出。

APCS 7 級必勝秘笈：學習、練習、突破｜觀念題 C+實作題 Python

作　　者：吳進北
企劃編輯：郭季柔
文字編輯：江雅鈴
設計裝幀：張寶莉
發 行 人：廖文良

發 行 所：碁峰資訊股份有限公司
地　　址：台北市南港區三重路 66 號 7 樓之 6
電　　話：(02)2788-2408
傳　　真：(02)8192-4433
網　　站：www.gotop.com.tw
書　　號：AEL027800
版　　次：2024 年 10 月初版
建議售價：NT$450

國家圖書館出版品預行編目資料

APCS 7 級必勝秘笈：學習、練習、突破：觀念題 C+實作題 Python / 吳進北著. -- 初版. -- 臺北市：碁峰資訊, 2024.10
面；　公分
ISBN 978-626-324-913-4(平裝)
1.CST：電腦程式設計　2.CST：C(電腦程式語言)　3.CST：Python(電腦程式語言)
312.2　　113014559

- ○ 追蹤串列，對每個元素 i，找到所有比 i 小的元素 j，並更新 dp[i] 的值。
- ○ 如果 nums[j] < nums[i]，則 nums[i] 可以接在 nums[j] 後面，形成一個更長的上升子序列。
- ○ 更新 dp[i] 的值。
- ○ 返回 dp 串列中的最大值，即為最長上升子序列的長度。

執行結果

```
#3
```

範例：最長公共子序列（LCS）

定義一個函式 lcs，它接受兩個字串 s1 和 s2 作為輸入。

```
def lcs(s1, s2):
# 計算 s1 和 s2 的長度
m, n = len(s1), len(s2)
# 建立一個大小為 (m+1)x(n+1) 的 2D 陣列 dp，
# 並初始化所有元素為 0
dp = [[0] * (n + 1) for _ in range(m + 1)]

# 進行 LCS 演算法
for i in range(1, m + 1):
    for j in range(1, n + 1):
        if s1[i - 1] == s2[j - 1]:
            dp[i][j] = dp[i - 1][j - 1] + 1
        else:
            dp[i][j] = max(dp[i - 1][j], dp[i][j - 1])

# 回傳 dp 的最後一個元素，即為 LCS 的長度
return dp[m][n]

s1 = 'abcde'
s2 = 'bcef'
print(lcs(s1,s2))  # 印出 LCS 長度
```

執行結果

```
# 3
```

範例：最大子序和（Maximum Subarray）

```python
def max_subarray(nums):
    if not nums:
        return 0

    n = len(nums)
    dp = [0] * n
    dp[0] = nums[0]
    max_sum = nums[0]

    for i in range(1, n):
        dp[i] = max(nums[i], dp[i - 1] + nums[i])
        max_sum = max(max_sum, dp[i])

    return max_sum

nums = [1, 7, 2, 8, 3, 4, 6, 5]
print(max_subarray(nums))
```

解析

- 定義一個名為 max_subarray 的函數。
- 該函數需要一個整數串列 nums 作為參數。
- 如果 nums 是空串列，則返回 0。
- 計算 nums 串列的長度，並初始化一個大小為 n 的串列 dp，並且把每個元素設置為 0。
- 初始化 dp 的第一個元素為 nums 的第一個元素。
- 初始化 max_sum 為 nums 的第一個元素。
- 使用 for 迴圈追蹤 nums 串列中的每個元素。

在樹結構中，最頂層的節點稱為根節點（Root Node），其下面的節點稱為子節點（Child Node），沒有子節點的節點稱為葉節點（Leaf Node）。樹結構的深度（Depth）指的是從根節點到葉節點的最長路徑長度，樹的高度（Height）指的是從葉節點到根節點的最長路徑長度。

二元樹（Binary Tree）是一種特殊的樹狀結構，每個節點最多只能有兩個子節點。二元樹可以是空樹，或由一個根節點和兩個子樹所組成的非空樹。

可以使用類別和指標（指向節點的變數）來實作二元樹。

物件導向概念補充

物件導向程式設計是一種程式設計的方法論，其中的核心概念是將複雜的系統分解成一些相互作用的物件，這些物件可以是現實世界中的物體、概念或數據等。

1. 每個物件都有自己的特性和行為，並且可以與其他物件進行交互作用和連結，以實現軟體功能。
2. 在物件導向程式設計中，程式被組織成一些類別。類別是對相關屬性和行為進行抽象的模板，用於創建物件。物件是類別的實例，它們具有繼承自類別的屬性和方法，同時還可以根據需要進行修改或擴展。
3. 物件導向程式設計的優點在於可以更好地管理複雜度，提高程式碼的重用性和可維護性，並且更容易模擬現實世界的事物。
4. 物件導向程式設計也有助於實現抽象化、多形性和封裝性等特性，使程式碼更加靈活和易於擴展。

常見的物件導向程式設計語言包括 Java、C++、Python 和 C# 等。在這些語言中，開發者可以使用類別和物件進行程式碼編寫，透過繼承、多型和封裝等機制實現程式碼的靈活性和可維護性，進而提高開發效率和程式碼質量。

類別（Class）知識補充

Python 的 class 可以理解為定義一個物件的模板或藍圖。

class 中，你可以定義該物件所具備的屬性和方法，而這些屬性和方法可以被該類別的所有物件所共享和使用。

使用 Python class 創建出 Person Class 的物件，每個物件都有自己的屬性和方法，方便進行物件導向程式設計。

```
class Person:
    def __init__(self, name, age):
        self.name = name
        self.age = age

    def speak(self, message):
        print(f"{self.name} says: '{message}'")

    def introduce(self):
        print(f"Hello, my name is {self.name}, and I am {self.age} years old.")
```

這個範例中，我們使用了 self 來表示建立的物件本身，而 __init__ 方法的初始化參數為「name」和「age」。

1. speak 方法接收一個參數 message，並將其印出來。
2. introduce 方法則不需要接收參數，直接印出該物件的「name」和「age」。

建一個「Person」的物件，並使用其方法：

```
mary = Person("Mary", 21)
mary.introduce()
mary.speak("Hello!")
```

3. 最終，dp[n][max_weight] 即為背包能裝入的最大價值。
4. 透過回溯來找出選擇的物品。

執行結果

```
最大價值： 7
選擇的物品： [1, 2]
這表示最大價值為 7，選擇了物品 1 和物品 2。
```

動態規劃的優點

- **效率高**：透過存儲子問題的解，避免重複計算，提高了計算效率。
- **適用範圍廣**：可以解決很多複雜的最優化問題，如最短路徑、最大流、最小費用等。

結論

動態規劃是一種強大的算法設計方法，適用於多種最優化問題。通過理解和應用動態規劃策略，可以在 APCS 考試中輕鬆應對相關題型，並取得好成績。

6.4 樹狀結構應用

樹（Tree）

Tree（樹）是一種用於組織資料的資料結構。它由節點（Node）和邊（Edge）組成，節點可以有零個或多個子節點。每個節點都包含一個值和一個指向其子節點的指標。樹狀結構通常用於表示分層資料，如文件系統、網站地圖和組織結構等。

```python

# 建立 DP 表格，行是物品，列是重量
dp = [[0] * (max_weight + 1) for _ in range(n + 1)]

# 填充 DP 表格
for i in range(1, n + 1):
    for w in range(1, max_weight + 1):
        if weights[i - 1] <= w:
            dp[i][w] = max(dp[i - 1][w], dp[i - 1][w - weights[i - 1]] + values[i - 1])
        else:
            dp[i][w] = dp[i - 1][w]

# 最終解
max_value = dp[n][max_weight]

# 回溯找出選擇的物品
selected_items = []
w = max_weight
for i in range(n, 0, -1):
    if dp[i][w] != dp[i - 1][w]:
        selected_items.append(i)
        w -= weights[i - 1]

selected_items.reverse()

print(f"最大價值：{max_value}")
print(f"選擇的物品：{selected_items}")
```

解析

1. 建立一個 DP 表格 dp，其中 dp[i][w] 表示前 i 個物品在重量不超過 w 時的最大價值。
2. 逐行逐列填充 DP 表格，根據物品是否放入背包來更新最大價值。